베살리우스가 들려주는 인체 이야기

베살리우스가 들려주는 인체 이야기

ⓒ 황신영, 2010

초판　1쇄 발행일 | 2010년 9월 1일
초판 12쇄 발행일 | 2021년 5월 31일

지은이 | 황신영
펴낸이 | 정은영
펴낸곳 | (주)자음과모음

출판등록 | 2001년 11월 28일 제2001-000259호
주　　　소 | 04047 서울시 마포구 양화로6길 49
전　　　화 | 편집부 (02)324-2347, 경영지원부 (02)325-6047
팩　　　스 | 편집부 (02)324-2348, 경영지원부 (02)2648-1311
e-mail　| jamoteen@jamobook.com

ISBN 978-89-544-2210-9 (44400)

베살리우스가 들려주는

인체 이야기

| 황신영 지음 |

|주|자음과모음

베살리우스를 꿈꾸는 청소년을 위한
'인체' 이야기

어렸을 적, 감기에 걸리거나 배탈이 나면 이유도 모른 채 끙끙 앓았던 기억이 납니다. 그때는 우리의 몸에 대해 잘 몰랐기 때문에 왜 그런 일이 일어나는지 알 수 없었죠. 하지만 자꾸만 몸살로 열이 나고, 음식을 꼭꼭 씹어 먹어도 소화가 잘되지 않는 경험들을 하면서 인체에 대한 호기심이 생기기 시작했습니다.

'지끈지끈 머리를 아프게 만드는 열은 왜 나는 것일까? 콧물이 뚝뚝 떨어지는 감기는 왜 걸리는 것일까? 부글부글 배 속이 요동치는 설사는 왜 하는 것일까?' 라고 말이지요. 그런 호기심에 하나 둘 읽게 된 과학책에는 아주 놀랍고도 신비한 인체의 비밀이 숨겨져 있더군요. 약 60조 개의 세포가 인체를 이루어 자라고, 다양하게 얽혀서 몸속의 장기와 기관들을 만들며, 임무를 마친 세포들은 생명을 다하는 과정을 통해 인체가 유지된다는 사실을 말이죠. 또한 맛있게 먹은 김치찌개가 전혀 다른 모습으로 변해서 배설되는 과정, 달리기를 하다가 넘어지면 무릎이 아픈 이유가 고스란히 담겨 있는 책을 읽고 가슴이 벅차 힘차게 뛰는 심장 소리에 가만히 귀 기울여 본 기억이 납니다.

이 책은 저처럼 인체에 궁금증을 가진 여러분을 위해 몸의 구조에서부터 몸 안에서 일어나는 일들에 대해 이해하기 쉽도록 구성하였습니다. 따라서 사람의 몸을 이루는 가장 기본 단위인 세포에서부터 인체에 대한 모든 것을 한눈에 알 수 있답니다.

이 책을 통해 단순히 과학적인 정보만 얻어 가는 것이 아니라, 우리의 몸 구조와 특징을 알아 가는 것이 얼마나 재미있는지 알 수 있는 계기가 되길 바랍니다.

마지막으로 이 책을 출판할 수 있도록 배려해 준 (주)자음과모음의 여러 직원들에게 감사드립니다.

황 신 영

차례

사람의 몸을 이루는 것은?

베살리우스의 생애와 인체 연구의 역사에 대해 살펴보고,
우리 몸이 어떻게 이루어져 있는지 알아봅시다.

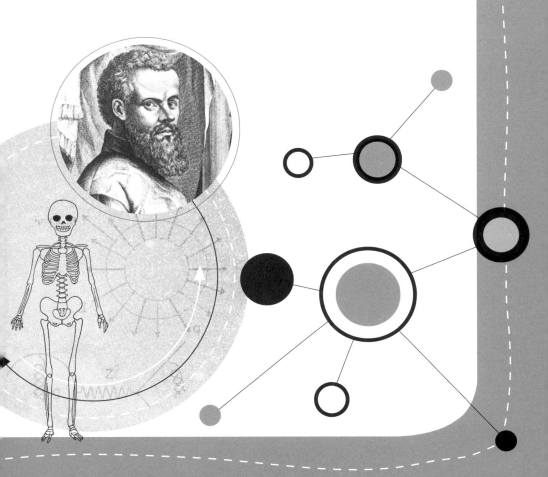

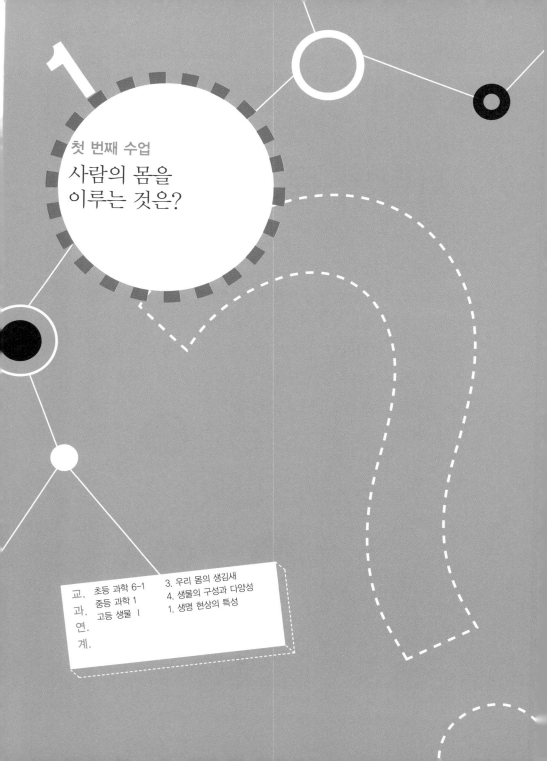

1

첫 번째 수업

사람의 몸을
이루는 것은?

베살리우스는 칠판에 '인체' 라고 크게 쓰고는 첫 번째 수업을 시작했다.

안녕하세요. 나는 여러분과 9일간의 인체 수업을 하게 된 이탈리아 의사 베살리우스라고 해요. 여러분도 알다시피 의사는 병을 고치는 사람이므로 인간의 몸에 대해서 잘 알고 있어야 하겠지요? 이렇게 의사들이 공부하는 학문을 의학이라고 하는데 나의 대선배 중에 여러분이 알 만한 사람이 있어요. 흔히 의학의 아버지로 불리는 사람이기도 한데요, 누구일까요?

__ 히포크라테스입니다.

맞아요. 워낙 유명한 사람이라 잘 알고 있네요. 히포크라테스(Hippocrates, B.C.460?~B.C.377?)는 흔히 '히포크라테스 선서'로 잘 알려져 있어요. 이것은 의사의 책임을 다해 환자를 돌보겠다는 맹세지요.

히포크라테스만큼이나 중요한 사람이 2세기경 그리스에 살았던 갈렌(Galien, 131~201)이라는 의사입니다. 히포크라테스의 학문을 체계적으로 정리해 귀중한 의학 서적을 만들었거든요. 갈렌은 로마 황제의 주치의로 일하면서 수백 권의 의학 책을 집필했답니다.

갈렌의 이론은 이후 16세기까지 무려 천 년이 넘도록 아무런 의심 없이 전해져 왔어요. 이것은 당시 기독교의 후원을 받았기 때문에 가능했던 일이지요. 여러분도 알다시피 중세 시대는 기독교의 권위가 왕보다도 높았어요. 갈렌의 의학 이론은 교황과 성직자들이 보기에 기독교의 가르침에 딱 맞는 학문이었죠. 그래서 갈렌의 이론을 비판하는 학자들은 교회의 이름으로 벌을 받았답니다. '지구가 태양 주위를 돈다'고 주장했던 갈릴레이(Galileo Galilei, 1564~1642)도 교회의 권위를 부정했다고 해서 큰 벌을 받았지요. 아무튼 갈렌이 원한 일은 아니었겠지만, 이런 이유로 16세기까지 의학은 큰 발전을 이루지 못했습니다.

그런데 갈렌의 이론에 반기를 든 사람이 바로 나였어요. 앞에서도 얘기했지만, 의사는 사람의 병을 고치는 사람입니다. 그러려면 사람의 몸에 대해 잘 알고 있어야겠지요. 그런데 당시에는 시체 해부가 금지되어 있었답니다. 그래서 의대에서도 원숭이나 소, 양 같은 동물을 해부하여 공부했지요.

하지만 동물의 사체만 연구해서 어떻게 사람의 몸을 알 수 있겠어요? 그래서 나는 사형수의 시체를 구하거나, 한밤중에 몰래 묘지에 가서 무덤 속 시체를 해부하였답니다. 사람들은 그런 저를 악마가 씌었다며 무서워했죠. 그렇지만 나는 시체 해부를 통해 많은 사실을 알아낼 수 있었어요.

예를 들어, 당시의 사람들은 남자의 갈비뼈가 여자보다 하나 적다고 믿었어요. 성경에서 하느님이 아담의 갈비뼈 하나를 빼서 이브를 만드셨다고 했으니까요. 하지만 나는 시체 해부를 통해 남자와 여자의 갈비뼈가 모두 같은 개수라는 것을 알아냈답니다. 또 간이 5개가 아닌 3개의 조각으로 이루어졌다는 사실도 밝혀냈지요.

나는 이런 내용들을 포함하여 세계 최초로 인체 해부학 책을 만들었답니다. 당시 교회와 많은 의사들의 비판이 있었지만, 과학적인 관찰 근거에 의해 만들어진 책이었기 때문에 그들도 기존의 의학적 오류를 인정하지 않을 수 없었답니다.

스승이었던 실비우스(Jacobus Sylvius, 1478~1555)도 갈렌 이론의 추종자였기 때문에 처음엔 나를 무척 비난했어요. 하지만 그가 직접 시체를 해부하여 관찰한 결과 나의 책 내용이 맞다는 것을 알게 되었기 때문에 더 이상 뭐라고 할 수는 없었답니다. 그래도 당시에 갈렌의 이론을 비판할 수 없었기 때문에 갈렌 이후 천 년 동안 사람의 구조가 변했다는 변명을 하셨지만요. 아무튼 후대의 의사들은 모두 내가 집필한 책을 가지고 공부하게 되었지요. 이런 공로로 나를 '해부학의 아버지'라고 부른답니다.

그럼 이제부터 우리 몸이 어떻게 이루어졌는지 알아볼까요?

생물의 기본 단위인 세포

사람의 몸은 60조 개가 넘는 많은 세포들로 이루어져 있어요. 세포를 제일 먼저 발견한 사람은 영국 과학자 훅(Robert Hooke, 1635~1703)이랍니다. 훅은 자신이 만든 현미경을 이용하여 코르크 마개를 관찰한 결과, 조그만 방이 많이 모여 있는 듯한 형태를 보고 '셀(cell, 세포)'이라고 이름을 붙였답니다. 세포는 생물을 이루는 가장 작은 단위로 모든 생명 활동이 세포 안에서 일어나고 있어요. 따라서 생물과 무생물을 구별하는 가장 큰 특징이 세포의 유무이지요.

그런데 동물과 식물의 세포는 다릅니다. 식물 세포는 단단한 세포벽으로 둘러싸여 있지만, 동물 세포는 세포벽이 없답니다. 또 식물 세포는 광합성을 통하여 스스로 양분을 만들 수 있지요.

세포에는 핵이라는 조그만 덩어리가 들어 있어요. 핵에는 생명 활동에 필요한 정보가 들어 있어서 세포의 모든 활동을 결정합니다. 세포의 겉을 둘러싸고 있는 세포막은 양분, 산소, 이산화탄소 등 세포의 물질 출입을 조절하고, 외부의 위험으로부터 보호하는 기능을 합니다. 세포의 핵을 제외한 나머지 물질을 통틀어 세포질이라고 합니다. 세포질 안의 미토콘드리아는 살아가는 데 필요한 에너지를 생산하지요. 식물 세포에 주로 발달되어 있는 액포는 노폐물이나 물을 저장하는 기능을 하는데 오래된 세포일수록 커지기 때문에 액포의 크기를 통해 세포의 나이를 알 수도 있어요.

세포의 종류는 약 200가지나 됩니다. 크기 또한 다양한데 우리 몸에서 가장 큰 세포인 난세포는 '마침표(.)' 정도의 크기랍니다. 대부분의 세포는 이보다 훨씬 작기 때문에 현미경으로만 볼 수 있지요.

각각의 세포들은 하는 일에 따라 모양이 다릅니다. 예를 들어 정세포는 헤엄칠 수 있는 꼬리를 가지고 있고, 신경 세포는 길쭉하게 생겼으며, 적혈구는 산소를 운반하기에 알맞은 오목한 원반형을 하고 있습니다. 또 백혈구는 몸의 곳곳을 다니며 세균을 잡아먹기 알맞도록 아메바 같은 생김새이지요.

또 우리 몸의 세포들은 각각 수명이 있어 매일 일정한 양의 세포가 죽고 그만큼의 세포가 생겨나고 있답니다. 예를 들어 소화 기관을 이루는 세포의 수명은 2시간 30분밖에 되지 않습니다. 면역을 담당하는 세포인 백혈구는 48시간 정도이지요. 하지만 적혈구의 수명은 상당히 길어서 120일, 뇌세포는 수명이 무려 60년 정도 된답니다. 대신 뇌세포는 태어날 때

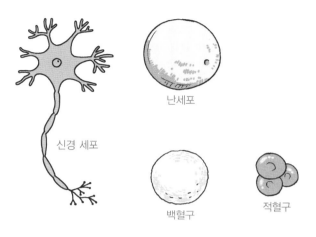

여러 가지 세포의 모양

만들어진 것 말고는 새로 생기지 않습니다. 그래서 치매(뇌세포가 죽는 질병)가 무서운 병인 거죠. 뇌세포는 한 번 파괴되면 끝이니까요. 뼈를 이루는 세포 또한 계속 죽고 만들어지는데 7년마다 1번씩 몸 전체의 모든 뼈가 새로 바뀐다고 합니다.

같은 일을 하는 세포들의 모임인 조직

'조직'하면 뭐가 떠오르나요? 인상 험악한 아저씨들이 모여 있는 모습이 떠오른다면 곤란해요. 우리 몸에서 같은 일을 하는 세포들이 모인 것을 조직이라고 합니다. 예를 들어 입안 상피 세포들이 모이면 상피 조직, 신경 세포들이 모이면 신경 조직이 되겠죠. 그렇다면 조직의 종류도 세포 종류에 따라 200여 가지나 될까요? 그렇지는 않답니다. 하는 일이 비슷한 조직끼리 같은 이름을 붙이기 때문에 조직의 종류는 상피 조직, 결합 조직, 근육 조직, 신경 조직 이렇게 4가지예요. 그럼 각각의 조직이 하는 일을 알아볼까요?

상피 조직은 몸의 안쪽 표면과 바깥쪽 표면을 감싸는 조직으로 몸을 보호하는 역할을 해요. 우리 몸을 둘러싸는 피부, 입 안의 상피, 눈의 망막, 위나 작은창자(소장) 같은 내장, 혈관 등을 덮고 있는 조직이 이에 속한답니다. 또한 몸을 보호하는 것 외에도 영양분을 흡수하거나 소화 효소를 분비하는 등의 일을 하지요.

결합 조직은 말 그대로 세포와 세포를 연결하여 지지하거나 공간을 메우는 역할을 합니다. 이런 조직에는 뼈, 힘줄, 연골, 혈액 등이 있습니다.

근육 조직은 잘 늘어나고 줄어드는 성질이 있는 근육 세포들이 모인 조직으로 우리 몸의 대부분을 차지하고 있습니다. 근육 조직에는 뼈에 붙어 있는 골격근, 내장을 구성하고 있는 내장근, 심장을 구성하는 심장근의 3가지 종류가 있습니다. 근육에 대한 설명은 다음 시간에 자세히 하기로 하지요.

마지막으로 신경 조직은 뉴런이라고 하는 신경 세포가 모인 조직입니다. 뇌, 척수, 감각 신경, 운동 신경 등이 이에 속하며 자극과 반응을 전달하는 통로 역할을 하지요.

점점 더 커지는 기관과 기관계

일정한 역할을 하는 조직들의 모임을 기관이라고 합니다. 흔히 같은 세포들이 모여 조직이 되므로 같은 조직이 모이면 기관이 된다고 생각하는 학생들이 많아요. 하지만 기관이 되기 위해서는 여러 조직이 모여 일정한 일을 해야만 하기 때문에 단순히 같은 조직이 많이 모인 것을 기관이라고 하지 않아요. 우리 몸의 주요 기관으로는 뇌, 눈, 심장, 간, 위, 허파 등이 있어요.

또한 비슷한 일을 하는 기관들이 모여 기관계를 이룹니다. 예를 들어 영양분의 소화와 흡수를 담당하는 소화 기관계에 속하는 기관에는 식도, 위, 간, 작은창자, 큰창자(대장), 쓸개, 항문 등이 있고, 산소와 이산화탄소의 교환을 담당하는 호흡 기관계에는 코, 허파, 기관 등이 있습니다. 기관계에는 소화 기관계, 호흡 기관계, 순환 기관계, 배설 기관계, 신경 기관계, 감각 기관계, 생식 기관계 등이 있지요.

따라서 사람의 몸을 이루는 구성 단계는 아래의 그림과 같이 '세포 → 조직 → 기관 → 기관계 → 개체' 순이랍니다. 이렇게 우리 몸은 이 세상 어떤 기계보다도 정교하게 이루어져 움직이기 때문에 어느 하나라도 이상이 생기면 큰일나죠. 그래서 우리 몸에 대해 자세히 알 필요가 있는 것입니다.

다음 시간부터 우리 몸이 각 부분별로 하는 일에 대해 알아

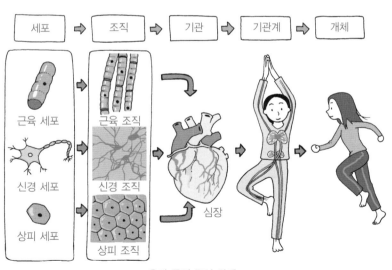

우리 몸의 구성 단계

볼 거예요. 하지만 우리 몸의 기능은 각 기관들이 유기적으로 도와야만 제 역할을 할 수 있다는 것을 잊지 마세요.

과학자의 비밀노트

식물의 구성 단계

식물도 동물과 마찬가지로 수많은 세포가 모여 하나의 개체를 이루지만 동물의 구성 단계와는 약간의 차이가 있다.

생물에서는 비슷한 일을 하는 세포들이 모여 조직을, 조직들이 모여 조직계를 이룬다. 식물의 조직계에는 물과 양분을 이동시키는 관다발 조직계, 식물을 보호하는 표피 조직계, 양분의 합성과 저장 작용을 담당하는 기본 조직계가 있다. 이런 조직계들이 모이면 꽃, 잎, 뿌리, 줄기, 열매와 같은 기관이 되고, 이 기관들이 모여 개체가 된다. 즉, 동물에게는 기관계가 있는 대신, 식물에게는 조직계가 있는 것이 서로 다른 점이다.

2

뼈와 근육

우리 몸을 지탱하는 뼈와 뼈를 움직이게 해 주는
근육의 생김새와 종류, 하는 일에 대해 알아봅시다.

2

베살리우스는 고층 건물 사진을
보여 주며 두 번째 수업을 시작했다.

내가 살았던 당시에는 건물의 높이가 그리 높지 않았어요. 그런데 오늘날에는 100층도 넘는 건물이 수두룩하더군요. 옛날과 오늘날의 건물에는 어떤 차이가 있기에 이렇게 높게 지을 수 있는 것일까요? 그건 건물의 뼈대가 되는 재료 때문이랍니다.

생물 시간에 건물 이야기를 하니까 이상한가요? 아마 눈치가 빠른 학생들은 내가 무슨 이야기를 하고 싶어서인지 알 수 있을 겁니다. 바로 우리 몸을 이루는 뼈 이야기지요.

건물을 튼튼하고 높게 짓기 위해서는 철근 뼈대가 필요하듯이 우리 몸을 지탱하기 위해서는 뼈가 필요합니다. 뼈의 유무는 동물을 구분하는 가장 중요한 기준이 되기도 하지요. 동물은 크게 뼈가 있는 척추동물과 뼈가 없는 무척추동물로 나눌 수 있습니다. 뼈가 있는 인간은 당연히 척추동물에 속하겠지요.

그럼 뼈에 대해 좀 더 자세히 알아볼까요?

우리 몸을 지탱하고 보호하는 뼈

뼈는 뇌, 심장, 간과 같은 우리 몸의 중요한 기관을 보호하고, 몸을 중심을 잡아 자세를 유지해 주며, 뼈에 붙어 있는 근육과 함께 우리 몸을 움직일 수 있도록 해 줍니다. 예를 들어 머리뼈는 뇌를 보호해 주며, 갈비뼈는 심장, 폐, 위, 간 같은 기관을 보호해 주지요.

그렇다면 우리 몸을 이루는 뼈는 몇 개나 될까요? 갓 태어난 아이는 약 350개이지만 자라면서 서로 붙게 되어 어른이 되면 약 206개가 된답니다. 이렇게나 많은 줄 몰랐다고요? 좀 더 자세히 알아보면 머리뼈는 22개, 척추뼈는 26개, 팔과 손뼈는 64개, 다리와 발뼈는 62개 정도입니다.

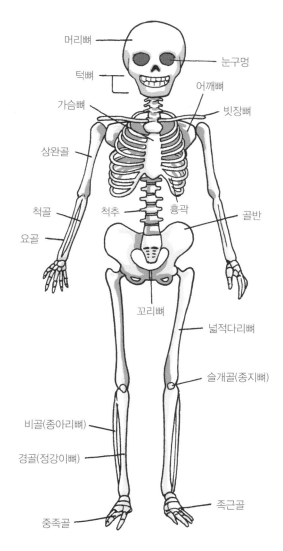

머리뼈

눈구멍

턱뼈

어깨뼈

가슴뼈

빗장뼈

상완골

척골

척추

흉곽

골반

요골

꼬리뼈

넓적다리뼈

슬개골(종지뼈)

비골(종아리뼈)

경골(정강이뼈)

족근골

중족골

사람 몸을 이루는 뼈

가장 큰 뼈는 뼈 무게의 $\frac{1}{4}$을 차지하는 넓적다리뼈이고, 가장 작은 뼈는 귀에 있는 뼈로 길이가 3mm 정도밖에 되지 않습니다.

뼈의 강도는 어떨까요? 사람의 뼈 중에서 가장 강한 뼈는 정강이뼈로 300kg의 압력을 견딜 수 있습니다. 뼈가 직선이 아니라 완만한 곡선을 띠는 까닭은 뼈의 강도를 강하게 해 줄 수 있는 형태이기 때문입니다. 이와 같은 뼈의 곡선 모양을 응용해 다리를 짓거나 건물을 짓는 데에도 이용하지요.

또한 뼈는 우리가 죽으면 몸에서 가장 오랫동안 남는 부분으로 100만 년 이상 남아 있기도 합니다. 선사 시대 유적지나 무덤에서 옛날 사람들의 뼈를 발견할 수 있는 것도 이런 이유 때문이지요. 옛말에 '호랑이는 죽어서 가죽을 남기고, 사람은 죽어서 이름을 남긴다'고 했는데 과학적 견해에서 말한다면 사람은 죽어서 뼈를 남긴다고 할 수 있겠네요.

그런데 앞에서 말한 건물의 철근과 사람의 뼈가 다른 점은 무엇일까요? 사람의 뼈는 살아 있다는 것입니다. 뼈도 세포로 이루어져 있기 때문에 산소와 영양이 공급되고, 혈관과 신경이 있으며 몸이 자라면서 뼈도 자랍니다.

뼈 속은 어떻게 생겼을까요? 매우 단단하고 강하다고 하니 속이 꽉 차 있을까요? 뼈를 덮고 있는 막을 골막이라고 하는

데 이곳에는 혈관과 신경이 지나고 있어 뼈에 영양을 주고, 통증 같은 감각을 전달해 줄 수 있답니다.

뼈를 반으로 잘라 보면 속이 비어 있는 것을 알 수 있어요. 뼈의 가장자리 부분은 해면골로 스펀지처럼 구멍이 뚫려 있고, 가운데 부분은 치밀골로 뼈세포가 빽빽하게 모여 있지요. 뼛속은 비어 있는데 이 부분은 골수강으로 혈액을 만드는 붉은색의 골수가 가득 차 있어요. 삼계탕을 먹을 때 뼈까지 꼭꼭 씹어 먹는 어른을 본 적이 있을 거예요. 이때 부서진 닭 뼈 안을 본 적이 있나요? 속이 빨갛죠? 이것이 바로 골수강 부분이랍니다. 그런데 성인의 골수는 색깔에 따라 적색 골수와 황색 골수로 나뉜답니다. 적색 골수는 혈액이 만들어지는 곳이고, 황색 골수는 지방이 많이 있어 노란색을 띠는데 평소에는 혈액을 만들지 않다가 부족할 경우 만들게 됩니다.

또 뼈 속에는 칼슘이 저장되어 있습니다. 우리 몸에서 칼슘은 꼭 필요한 영양소인데, 많으면 뼈 속에 저장되고 부족하면 뼈 속의 칼슘을 빼내어 사용합니다. 어른들이 성장기 때 우유나 멸치 같은 음식을 많이 먹으라는 이유는 칼슘이 부족하지 않도록 하기 위함이랍니다. 어렸을 때 칼슘을 많이 먹지 않으면 나이가 들어 뼈 속에 구멍이 뚫리는 병인 골다공증

골다공증

칼슘은 뼈의 주요 구성 성분이며, 칼슘 부족은 골다공증의 주요 요인이다. 건강한 성인은 하루 700mg, 골다공증의 위험이 있는 경우에는 하루 1,000mg 정도의 칼슘을 섭취하여야 한다. 특히 임산부 및 성장기, 노인, 지나친 다이어트를 하는 사람은 칼슘이 부족하기 쉬우므로 주의할 필요가 있다.

칼슘 흡수에는 여러 가지 요인이 영향을 미치므로 이를 고려하여야 하는데, 비타민 D가 부족하면 칼슘이 잘 흡수되지 않고, 음식을 짜게 먹거나 카페인을 많이 먹으면 칼슘이 많이 배설된다. 또한 적당량의 단백질 음식을 먹는 것은 칼슘 흡수를 돕지만, 단백질 보충제나 동물성 단백질을 지나치게 많이 먹으면 칼슘 흡수율이 떨어진다.

따라서 과도한 음주를 삼가하고 흡연은 중단하며 적절한 유산소 운동과 스트레칭, 제자리에서 뛰기 등과 같은 운동을 하여야 한다. 또한 짠 음식을 피하여 염분과 함께 칼슘이 소실되는 것을 방지하여야 하며, 1주일에 2회씩은 약 15분 정도 햇볕을 쬐어 뼈에 필요한 비타민 D를 충분히 합성하도록 하는 것이 좋다.

에 걸리니 조심하세요.

성인의 뼈는 전체적으로 매년 5% 정도가 교체됩니다. 오래된 뼈는 뼈를 분해하는 세포에 의해 없어지며, 뼈를 만드는 세포는 콜라겐이라는 단백질을 만들고, 칼슘과 인이 들어가 단단해집니다. 이렇게 끊임없이 뼈가 만들어지기 때문에 뼈가 부러지더라도 회복이 가능한 것입니다.

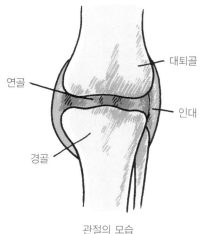

연골

대퇴골

인대

경골

관절의 모습

뼈와 뼈를 연결하는 관절

그런데 뼈들은 어떻게 연결되어 있을까요?

뼈와 뼈가 연결된 부분을 관절이라고 합니다. 관절이 있기 때문에 우리가 몸을 구부리고, 비틀고, 도는 동작 등을 할 수 있는 것이지요. 우리 몸의 관절은 200개 이상입니다. 그중에는 머리뼈 사이에 있는 관절처럼 움직일 수 없는 것도 있고, 무릎이나 팔꿈치처럼 구부렸다 폈다 할 수 있는 것도 있으며, 목에 있는 관절처럼 좌우로 돌릴 수 있는 것도 있습니다.

그런데 관절은 굉장히 다치기 쉬워서 뼈의 끝부분은 연골의 보호를 받습니다. 연골은 다른 말로 물렁뼈라고도 하는데 뼈끼리 부딪히지 않도록 해 주는 역할을 하지요.

인대는 뼈와 뼈를 이어주는 끈처럼 생긴 것으로 대개 5cm 정도입니다. 뼈와 뼈를 연결하여 관절이 반대 방향으로 굽거나 빠지지 않도록 단단하게 고정해 주는 역할을 하지요. 그런데 가끔 무리하게 잡아당기거나 굽히게 되면 인대가 늘어나 관절이 빠지기도 합니다. '어떤 운동선수가 인대가 늘어나는 부상을 입었다'는 기사를 본 적 있지요? 바로 이런 경우랍니다. 운동선수뿐만 아니라 우리도 운동을 하다가 손목이나 발목을 삐기도 합니다. 인대가 늘어나면 얼마 지나지 않아 그 자리가 부어오릅니다. 삔 곳을 치료하기 위해서는 차갑게 찜질을 하거나 약을 바르고 붕대를 감아 인대가 원래 상태로 돌아오도록 해 주어야 합니다.

인대와 혼동하기 쉬운 것이 힘줄입니다. 힘줄은 근육과 연결되어 있으면서 뼈에 붙어 있는 것입니다. 긴 끈처럼 생겼고, 길이가 10cm 이상 되는 것도 많습니다. 예를 들어 손가락을 움직이는 근육은 팔뚝 부분에 있는데, 팔목에 가서는 힘줄로 바뀌어서 손바닥을 지나 손가락까지 이어지는 것입니다. 즉, 힘줄은 근육의 움직임을 뼈까지 이어주는 것이지요. 힘줄 자체는 매우 단단하여 끊어지는 일은 없으나, 너무 강하게 당기면 힘줄과 뼈 사이가 벗겨지는 수가 있는데 이런 일은 아킬레스건에서 자주 일어납니다. 아킬레스건은 장딴지 근육을 발뒤꿈치에 연결해 주는 힘줄을 말하며, 우리 몸에서 가장 강한 힘줄로 사람이 걷는 데 꼭 필요합니다. 아킬레스건은 그리스 신화의 영웅인 아킬레우스가 유일하게 상처를 입는 급소라는 데에서 유래해 약점이라는 뜻으로 쓰이기도 하지요.

우리 몸을 움직이게 하는 근육

앞에서 뼈는 우리 몸을 움직일 수 있게 해 준다고 했는데 실질적으로는 뼈에 붙은 근육이 그 일을 합니다. 근육은 결합 조직인 힘줄을 통해 뼈와 연결되는데 가늘고 긴 근섬유들이 모여 다발을 이룹니다. 다시 말해 가느다란 실 한 가닥을 근섬유라고 한다면, 근육은 수많은 실들이 모인 실타래라고 할 수 있습니다.

근육의 모습을 보고 싶다면 익힌 닭다리를 찢어 보세요. 세로로 가늘게 찢어지는 모습을 관찰할 수 있을 거예요. 이렇게 결대로 실처럼 찢어지는 것이 근육이랍니다.

근육은 몸무게의 약 40%를 차지하는데 종류에 따라 크기가 매우 다양합니다. 다리에 있는 근육은 길이가 61cm나 되는 것도 있는 반면, 귀 안의 근육은 0.2~0.3cm에 불과한 것도 있습니다.

하지만 꾸준히 운동하면 근육을 키울 수 있답니다. 운동을 하지 않고 먹기만 하는 사람들은 살이 쪄서 배가 뽈록 나오지만, 운동을 열심히 하는 남자 연예인들의 경우 배에 선명한 왕(王) 자 근육이 생긴 것을 본 적 있을 거예요. 또 미스터코리아 대회에 나오는 참가자들을 보면 팔과 다리에 울퉁불퉁한 근육이 잔뜩 있는 것을 볼 수 있어요. 대개 여자보다는 남자가 멋진 근육을 만들기가 더 쉽지요.

근육의 크기와 힘은 20, 30대에 최고였다가 점차 줄어듭니다. 근육량의 감소 속도는 25~50세 사이에는 10년마다 4%씩, 그 후에는 10년마다 10%씩 줄어듭니다. 그러나 나이가 들어도 꾸준히 운동하면 근력이 좋아집니다.

우리 몸을 이루는 근육에 대해 좀 더 자세히 살펴볼까요?

근육의 종류에는 골격근(수의근), 평활근(불수의근), 심장근의 3종류가 있습니다.

골격근은 우리 마음대로 근육을 움직일 수 있어 수의근(스스로 움직일 수 있는 근육)이라고도 합니다. 또한 현미경으로 살펴보면 가로무늬가 있기 때문에 가로무늬근이라고 불리기도 하지요. 골격근은 치밀하게 모인 근섬유로 이루어져 있습니다. 여기에는 혈관과 신경이 많이 분포해 있어서 혈액은 근육 수축에 필요한 산소와 포도당을 공급하며, 신경은 뇌로부터 근육 수축을 일으키게 하는 신경 신호를 전달합니다. 운동을 심하게 하면 근육이 아픈데 이것은 근육에 신경이 있어 뇌에 통증이 전달되기 때문이랍니다.

근육은 모든 골격에 짝을 이뤄 쌍으로 붙어 있습니다. 근육은 당길 수만 있기 때문에 원래 형태로 돌아가기 위해서는 반대편의 근육이 필요하기 때문입니다. 이것은 간단하게 알아볼 수 있어요. 왼손을 들어 오른손 팔뚝 위에 대고 팔을 위로

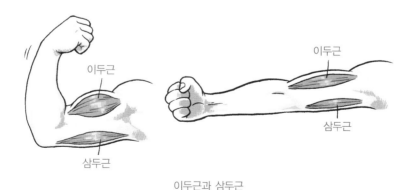

이두근과 삼두근

구부려보세요. 팔 근육이 당겨져 알통이 생기는 게 느껴지나요? 다시 팔을 펴면 알통이 사라지지요? 팔꿈치 위팔의 앞쪽은 이두근, 뒤쪽은 삼두근이라고 하는데 팔은 이두근과 삼두근이 서로 반대 방향으로 작용해서 굽혔다 폈다 할 수 있는 것입니다. 다른 근육들도 마찬가지고요.

 평활근은 또 다른 말로 민무늬근이라고 하는데 골격근에 있는 가로무늬가 없어서 붙여진 이름입니다. 평활근은 몸속의 내장을 감싸는 근육으로 내장근으로 불리기도 합니다. 이 근육은 무의식적으로 뇌의 명령에 따라 움직이므로 불수의근(스스로 움직이지 못하는 근육)이라고도 합니다. 예를 들어

과학자의 비밀노트

근육의 종류

구분	골격근	심장근	내장근
가로무늬	있음	있음	없음
의식	수의근	불수의근	
관여하는 신경	운동 신경	자율 신경	
움직임	굉장히 빠름	약간 빠름	느림

팔이나 다리는 내 마음대로 움직일 수 있지만, 몸속의 위나 작은창자 등은 내 마음대로 움직일 수 없습니다. 음식이 들어와야지만, 배 속의 소화 기관을 이루는 근육들이 움직이지요.

앞에서 얘기한 바와 같이 뼈에 붙어 있는 골격근은 가로무늬근이며 수의근이고, 평활근은 민무늬근이며 불수의근입니다. 그런데 독특하게도 심장의 근육은 가로무늬근이며 불수의근이랍니다.

심장근은 섬유들이 가지를 친 상태로 연결되어 있기 때문에 신경 자극이 빨리 퍼지게 되어 빠르고 강하게 수축할 수 있는데, 이것은 뇌에 의해 무의식적으로 조절됩니다. 따라서 우리가 아무리 빨리 뛰라고 명령을 내려도, 혹은 멈추라고 소리를 쳐도 심장은 절대 우리 말을 듣지 않지요.

봄 소풍이나 수련회 등의 행사 혹은 부모님을 따라 휴일에 등산을 간 경험이 있죠? 등산을 다녀온 이튿날 온몸의 근육이 쑤시면서 아팠던 적이 있을 것입니다. 이러한 증상을 근육통이라고 하는데, 이것은 몸의 근육들 중 어느 한 부위를 평소보다 심하게 써서 무리가 올 때 나타나는 증상입니다. 익숙하지 않거나 별로 해 본 적 없는 운동을 했을 때 생기지요.

이때 우리 몸을 현미경으로 살펴보면 근육이 찢어진 것을 알 수 있습니다. 이러한 근육통을 예방하기 위해서는 조금씩 운동량을 늘려 근육을 단련시켜야 한답니다. 하지만 짧은 시간에 격렬한 운동을 하면 근육통이 더 심해지는 경우가 있으니 주의해야 해요.

무슨 일이에요?

축구하다 다쳤어요!

공 대신, 축구 골대를 차는 바보래요!

절룩

바보 아니거든!

다리 나을 동안 축구는 꿈도 꾸지 마!

그래도 다행이군요. 뼈는 다치지 않았다니!

연골 골수강 치밀골 해면골 혈관 혈관

우리의 뼈는 살아 있어요. 세포로 이루어져 있기 때문에 산소와 영양이 공급되고, 혈관과 신경이 있으며 몸이 자라면서 뼈도 자랍니다.

의사 선생님이 인대가 늘어났대요.

연골 대퇴골 인대 경골

인대는 뼈와 뼈를 이어주는 끈처럼 생긴 것으로 무리하게 잡아당기거나 굽히면 통증을 느끼게 되죠.

발목도 아프지만 허벅지, 팔, 어깨, 허리… 안 아픈 데가 없어요!

벌러덩

준비 운동 없이 급하게 근육을 움직여서 그래요. 근육통이라고 하지요!

무리한 운동은 근육통을 유발하지만, 끊임없는 운동은 근육질의 멋진 몸을 만들어 준답니다.

연예인처럼요? 왕(王) 자 복근 너무 멋져요!

그러기 위해선 꾸준히 근육을 움직여야 해요.

이런 거 말하는 거야? 별거 아니고만.

멍~!

王

!!!

3

소화

우리가 먹은 음식을 영양소로 소화, 흡수하는
소화 기관의 생김새와 종류, 하는 일에 대해 알아봅시다.

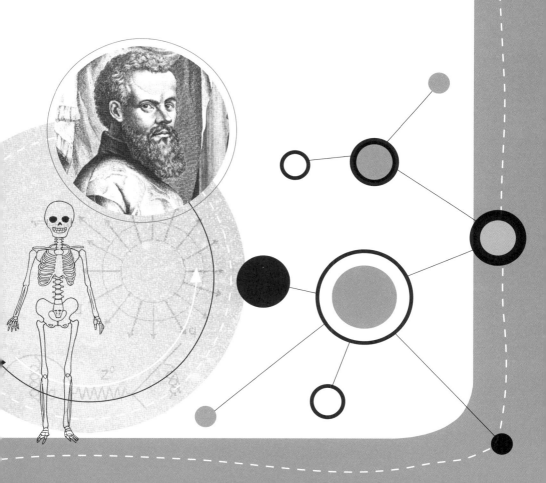

3

세 번째 수업

소화

베살리우스는 여러 가지 음식 사진을
보여 주며 세 번째 수업을 시작했다.

우리가 하루에 먹는 음식의 양은 얼마나 될까요? 사람에
따라 약간의 차이는 있지만 성인을 기준으로 하루 음식 섭취
량은 총 1kg 정도, 물은 대략 1L를 마십니다. 평생 먹는 양
을 계산하면 25톤 이상을 먹는 셈이지요. 우리가 먹은 음식
은 입에서 항문까지 이어지는 긴 소화관을 따라 이동하면서
잘게 부수어져 우리 몸에 흡수됩니다. 이렇게 흡수되고 남은
찌꺼기는 대변으로 빠져 나가지요.

16세기 이탈리아 의사였던 산토리오(Santorio Santorio,
1561∼1636)는 정밀한 저울을 만들어 30년 동안 음식을 먹기

전의 몸무게와 대변을 본 후의 몸무게를 측정, 비교하는 연구를 한 결과, 먹은 음식이 대변으로 나가는 물질보다 더 무거운 것을 알고, 음식이 우리 몸속에 흡수된다는 것을 과학적으로 밝혀냈답니다.

우리가 먹는 음식은 몸에 흡수되어 살아가는 데 도움이 되는군.

음식을 삼키면 식도를 통해 위로 들어갑니다. 위에 들어간 음식은 평균 3~4시간 정도 머물지요. 음식물이 위에서 작은창자로 넘어가면 6시간에 걸쳐 영양소와 물을 흡수하고 나머지는 큰창자로 내려 보냅니다. 큰창자에서 대변이 만들어지기까지는 12~16시간이 걸리는데, 이를 계산해 보면 입으로 들어간 음식이 항문으로 나오는 데 하루 정도가 걸리는 것을 알 수 있습니다. 음식이 소화되는 데 걸리는 시간은 음식의 종류와 양, 사람의 건강 상태 등에 따라 조금씩 달라질 수 있어요.

음식이 여러 소화 기관을 지나면서 잘게 부서지는 이유는 아주 작은 크기로 쪼개져야 우리 몸에 흡수가 되기 때문이랍니다. 이렇게 영양소가 우리 몸속에서 잘게 분해되는 과정을 소화라고 합니다.

그렇다면 우리 몸에 필요한 영양소는 어떤 것이 있는지 알아볼까요?

우리 몸에 필요한 영양소의 종류

영양소의 종류에는 탄수화물, 단백질, 지방, 비타민, 무기염류, 물이 있습니다. 탄수화물, 단백질, 지방은 에너지원으로 사용되기 때문에 3대 영양소로 불립니다. 이것들은 크기가 커서 우리 몸에 흡수되기 위해서는 소화 과정을 거쳐 작은 영양소로 쪼개져야 해요. 하지만 비타민, 무기염류, 물은 크기가 작아 우리 몸에 바로 흡수됩니다. 또 3대 영양소는 필요한 양보다 많이 먹으면 몸에 쌓이지만, 비타민과 무기염류는 오줌으로 빠져 나가기 때문에 매일 규칙적인 양을 먹어야 합니다.

탄수화물은 우리 몸의 가장 중요한 에너지원으로 곡식, 과일, 꿀, 설탕 등에 많이 들어 있습니다.

단백질은 에너지원으로 사용되며 우리 몸을 구성하는 성분이지요. 또 효소와 호르몬의 주요 성분으로 여러 가지 물질대사를 도와줍니다. 이러한 단백질은 육류, 달걀, 생선, 콩 등에 많이 들어 있습니다.

지방은 에너지원으로 사용되며 지용성 비타민의 흡수를 도와줍니다. 음식을 과하게 먹으면 남은 에너지가 지방으로 저장되어 살이 찌지요. 지방은 주로 피부 아래 피하 지방의 형태로 저장되는데 추운 날 체온을 유지하는 일을 합니다.

비타민은 우리 몸의 여러 가지 기능을 조절합니다. 아주 조금만 먹어도 되지만, 부족하면 결핍 증상이 나타나지요. 예를 들어 몇 달 동안 배에 탄 선원들이 잇몸에 피가 나고 심하면 죽기도 하는 괴혈병에 시달렸는데, 연구 결과 신선한 과일이나 채소를 먹지 못해 비타민 C가 부족해서 걸린 병이라는 것을 알게 되었답니다. 이러한 비타민은 물에 잘 녹는 수용성 비타민과 지방에 잘 녹는 지용성 비타민이 있습니다.

무기염류는 우리 몸의 구성 성분이며, 세포에서 일어나는 여러 가지 화학 반응에 필요한 물질입니다. 칼슘과 인은 뼈와 이의 구성 성분이고, 칼륨과 나트륨은 신경이 자극을 전달하는 데 꼭 필요한 물질입니다.

마지막으로 물은 우리 몸의 구성 성분으로 60% 이상을 차지하고 있습니다. 그래서 음식은 며칠 굶어도 살 수 있지만, 물이 없으면 죽을 정도로 매우 중요한 물질이지요. 물은 다양한 물질(영양소, 노폐물, 이산화탄소)을 녹여 운반할 수 있고, 체온을 조절하는 등 여러 가지 일을 합니다.

이렇게 우리가 살아가는 데 필요한 영양소는 다양한 음식에 들어 있기 때문에 골고루 먹는 것이 중요하답니다. 내가 좋아하는 고기만 먹고 채소는 먹지 않는다면 과다한 지방 때문에 살이 찔 것입니다. 또 채소에 풍부하게 들어 있는 비타민이나 무기염류는 부족해지지요. 그러니 편식하지 말고 골고루 먹도록 합시다.

여러분이 좋아하는 피자나 햄버거 같은 패스트푸드는 영양학적인 측면에서 좋지 않은 음식이에요. 영양소가 골고루 들어 있지 않은 데다 소금(나트륨)이 많이 들어 있어서 몸에 좋지 않거든요. 미국의 한 영화감독이 한 달 동안 햄버거만 먹으면서 몸이 변하는 모습을 찍어 영화로 만들었는데, 몸무게가 10kg 이상 늘고 혈압이 높아졌으며 콜레스테롤이 많아졌다고 해요.

자, 그럼 우리 몸에 들어온 음식이 어떤 과정을 거쳐 소화 되는지 알아볼까요?

음식을 잘게 부수는 이

음식이 처음 들어오는 기관은 입이지요. 입안에는 소화를 도와주는 이와 침샘, 혀가 있습니다.

음식은 입안에서 이에 의해 잘게 잘리는데 주로 8개의 앞 니는 자르고, 16개의 어금니는 부수고 가는 역할을 합니다. 또한 앞니와 어금니 사이에는 4개의 송곳니가 있어 음식을 잘게 찢는 역할을 하지요. 사랑니는 4개인데 사람에 따라 나 지 않는 경우도 있고요.

이의 바깥 부분은 딱딱하고 매끈한 에나멜질로 덮여 있고, 바로 그 밑에 뼈의 성분과 같은 상아질이 있으며, 그 아래 치 수에는 혈관과 신경이 분포합니다. 충치가 생기면 이가 시큰 거리는 이유는 이에 신경이 있어 통증을 느낄 수 있기 때문이 지요.

그렇다면 충치는 어떻게 생길까요? 충치는 입안 세균에 의

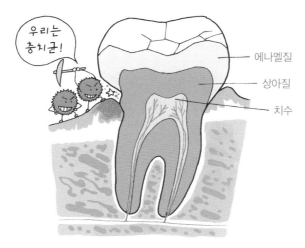

우리는
충치균!

에나멜질

상아질

치수

이의 생김새

해 이가 썩어 들어가는 것입니다. 음식물 중 설탕 성분은 이
의 표면에 얇은 음식물 찌꺼기 막을 만듭니다. 이 막에 미생
물이 번식하면서 산성 물질을 만들어 이의 칼슘을 녹이고 충
치를 만드는 것입니다. 따라서 충치를 예방하려면 음식을 먹
은 후 바로 양치질을 하여 음식물 찌꺼기를 제거해야 합니
다. 또한 초콜릿, 비스킷, 사탕 등 설탕이 많이 들어 있는 음
식을 적게 먹는 것이 좋겠지요.

배고플 때 맛있는 음식을 보거나 생각만 해도 입안에 침이
가득 고일 때가 있지요? 이것은 음식물을 소화시키는 데 침
이 필요하기 때문입니다. 침을 내보내는 침샘은 귀밑샘, 혀

밑샘, 턱밑샘이 있는데 침 속에는 녹말을 소화시키는 아밀라아제라는 소화 효소가 있지요.

혀는 음식과 침을 잘 섞어 주는 역할을 합니다. 밥을 오래 씹으면 단맛이 나는데 이가 잘게 부수어 밥의 표면적을 넓혀 주고, 혀가 밥과 침을 잘 섞어 주는 과정에서 침 속의 아밀라아제라는 효소가 밥 속의 녹말을 단맛이 나는 엿당으로 소화시키기 때문입니다. 따라서 입안에서 충분히 음식을 씹어 주어야 소화가 잘된답니다.

그런데 25세가 지나면 침의 양은 줄어들기 시작해 입안이 쉽게 건조해집니다. 이렇게 되면 입안에서 냄새가 많이 나거나 소화 능력이 떨어지게 됩니다. 반대로 침이 너무 많이 분

과학자의 비밀노트

소화의 종류

우리 몸에 들어온 음식을 잘게 부수어 영양소로 분해한 후 흡수할 수 있게 해 주는 소화 과정에는 기계적 소화와 화학적 소화가 있다.

기계적 소화는 음식을 물리적인 방법으로 잘게 부수어 소화 효소와 닿는 표면적을 넓게 해 주는데, 여기에는 음식을 씹는 저작 운동과 음식물을 소화 기관으로 운반해 주는 연동 운동, 음식물과 소화 효소를 섞어 주는 분절 운동이 있다.

화학적 소화는 침샘, 위샘, 이자, 장샘 등의 소화샘에서 분비하는 소화 효소에 의해 음식을 영양소로 분해하는 것이다.

비되면 입술이나 입안이 쉽게 헐어 염증이 생기기도 하지요.

주머니 모양의 위

입은 음식이 잠시 머무르는 장소일 뿐 실제 음식물이 모이는 곳은 위입니다. 음식은 식도를 넘어 위에 도달하지만 영양분을 흡수하는 기능은 거의 없습니다. 그러나 작은창자가 영양소를 잘 흡수할 수 있도록 음식을 잘게 분해하여 죽처럼 만들어 내보내는 임시 저장소와 같은 역할을 합니다. 사람의 위는 J자와 비슷하게 생겼고 왼쪽 갈비뼈 밑에 있어요.

위는 얼마나 많은 물질을 담을 수 있을까요? 남자는 1.4L, 여자는 1.3L 정도를 채울 수 있답니다. 위는 여러 겹의 두꺼운 근육으로 이루어져 있어 위 안에 들어온 음식을 힘껏 주무르고 비틀어 잘게 부숩니다. 물은 소화 과정이 필요 없기 때문에 위를 그냥 통과하는데, 속도가 빠르면 배 속에서 '꼬르륵' 하고 물이 흐르는 소리를 들을 수 있습니다.

위에서는 우윳빛을 띠는 위액이 하루에 2~3L 정도 분비됩니다. 위액은 염산이 들어 있어 강산성을 띠는데, 염산은 위에서 분비되는 펩신을 활성화해 단백질을 분해하는 작용을 하며 음식에 포함된 세균을 죽입니다.

위 표면은 끈적끈적한 점액으로 둘러싸여 있는데, 이것이 위산으로부터 위를 보호하는 역할을 합니다. 이 점액 성분을 뮤신이라고 하지요. 이러한 위 점막의 방어 능력이 떨어지면 위산과 펩신이 자신의 위 점막을 소화하여 위가 헐게 되는 위궤양에 걸리게 됩니다.

예전의 과학자들은 위 속이 강산성을 띠기 때문에 세균이 살지 못할 것으로 생각했습니다. 그러나 호주의 마셜(Barry Marshall, 1951〜) 박사는 위 속에서 헬리코박터 파이로리균이라는 세균을 발견하여 2005년 노벨 생리 의학상을 받았답니다. 이 세균은 위 점막의 점액층 바로 밑에 붙어서 산을 중화시키는 물질을 분비하며 살아가지요.

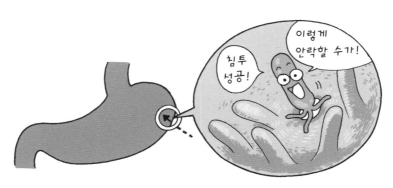

헬리코박터균이 위 점막 아래에 파고든 모습

구불구불 작은창자

위에서 소화된 음식물은 위 근육의 연동 운동을 통해 작은 창자로 내려갑니다. 작은창자는 지름 3~4cm 크기의 작은 관으로 길이는 약 7m이며 십이지장(샘창자), 공장(빈창자), 회장(돌창자)으로 구분됩니다.

작은창자의 가장 앞부분은 십이지장이라고 하는데, 손가락 12개를 옆으로 겹쳐서 나오는 길이와 같다고 하여 이러한 이름이 붙었습니다. 여기에는 쓸개와 이자로 이어지는 통로가 있어서 쓸개즙과 이자액이 나오지요.

이자는 길고 납작하며 회색 또는 검은색을 띱니다. 이자는 무게 100g, 길이 15cm 정도이며, 위와 큰창자 안쪽에 있어서 겉에서는 만져 볼 수 없습니다. 이자의 기능은 2가지로 하나는 이자액을 만드는 것이고, 다른 하나는 인슐린을 분비하여 혈당을 조절하는 것입니다. 이자액에서는 아밀라아제(탄수화물), 리파아제(지방), 트립신(단백질)이라는 소화 효소가 나와 3대 영양소를 모두 소화시킵니다. 이자에서 분비되는 소화액은 알칼리성으로 하루에 1.5~2L 정도이지요. 이러한 성질은 위에서 넘어오는 산성 음식물을 중성 내지 약알칼리성으로 변화시켜 여러 효소가 효율적으로 작용할 수 있도록 합니다.

　쓸개즙은 황금색이나 초록색을 띠며 간에서 분비된 뒤 쓸개에 저장되었다가 하루 0.5~1L 정도가 식후에 나옵니다. 또한 소화 효소는 없지만 지방이 잘 흡수되도록 도와주고 대변의 색을 만드는 일도 하지요.

　십이지장에서 이어지는 공장은 식사 중간에 대부분 비어 있어 '빌 공(空), 창자 장(腸)'을 사용한 이름입니다. 영양소의 흡수가 활발히 이루어지는 곳이어서 창자가 매우 두껍고 배꼽과 왼쪽 허리 부분을 채우고 있습니다.

　작은창자 벽의 세포에서는 장액이 분비되는데, 여기에는 탄수화물과 단백질을 분해하는 여러 가지 소화 효소가 들어 있습니다. 따라서 작은창자에서 탄수화물은 포도당으로, 단백질은 아미노산으로, 지방은 지방산과 글리세롤로 완전히 분해되어 흡수됩니다.

　작은창자를 겉에서 보면 긴 관 모양으로 안쪽은 주름이 매우 많고 표면은 미세한 융모로 덮여 있습니다. 융모는 1mm 길이의 손가락 모양으로 눈으로 겨우 볼 수 있는 정도의 크기이며, 점막 표면 전체에 빽빽이 붙어 있어서 마치 융단을 깔아 놓은 듯한 모습입니다. 목욕 후, 한 겹의 매끄러운 천보다 무수히 작은 실뭉치의 수건으로 닦는 것이 물을 잘 닦을 수 있듯 작은창자의 융모도 같은 기능을 하지요.

작은창자의 원통 표면적을 계산하면 $0.33m^2$밖에 안 되지만 주름과 융모를 포함하면 600배로 증가하여 창자의 전체 표면적은 $200m^2$ 정도가 됩니다. 이러한 구조 덕분에 작은창자에서는 영양분과 수분이 효과적으로 흡수될 수 있는 것이에요.

융모의 내부에는 모세 혈관과 암죽관이 있습니다. 소화된 영양소 중 지방산과 글리세롤, 지용성 비타민은 암죽관으로 흡수되고, 포도당과 아미노산, 수용성 비타민은 모세 혈관으로 흡수되어 간을 지나 심장을 통해 온몸으로 운반됩니다.

피부의 세포가 계속 떨어져 나가듯이 작은창자 안쪽의 세포 수명도 3일 정도로 짧은 편입니다. 음식들을 소화, 흡수하기 위해서 매우 혹사당하고 있기 때문이지요. 우리 몸에서는 매일 25g의 작은창자 세포들이 창자 속으로 떨어지는데, 이들은 단백질 성분이기 때문에 작은창자 안의 효소에 의해 분해되어 흡수됩니다.

스스로를 먹어 치우는 작은창자라니 생각해 보면 살짝 무서워지지요?

__ 헉, 조금 무섭네요.

__ 뭐가 무서워? 다 우리 몸에서 일어나는 일인데.

대변을 만드는 큰창자

큰창자는 약 1.5m의 굵은 관으로 맹장(막창자), 결장(잘록창자), 직장(곧창자)의 세 부분으로 되어 있으며 직장의 제일 끝은 항문과 연결됩니다. 큰창자는 소화관의 마지막 부분으로 소화 효소가 없기 때문에 영양소의 소화와 흡수는 거의 일어나지 않고 물의 흡수만 일어납니다. 이렇게 물이 흡수되고 남은 찌꺼기는 대변이 되어 항문을 통해 밖으로 나가지요.

3일 이상 대변을 보지 못하고 대변의 굳기가 단단해지는 것을 변비라고 하는데, 대변의 재료는 음식물 찌꺼기이므로 입으로 들어가는 음식물이 많아야 최종 찌꺼기가 많아져 쉽게 변을 볼 수 있습니다. 그러므로 밥을 굶거나 지나치게 적게 먹는 사람은 변비에 걸리기 쉽습니다. 또한 섬유소가 풍부한 음식과 수분을 섭취하고 적당한 운동을 해야 변비를 예방할 수 있어요. 반대로 큰창자에 탈이 나 물을 제대로 흡수하지 못하게 되면, 변이 단단해지지 못하고 물처럼 묽은 설사를 하게 됩니다.

현대인은 섬유질을 적게 먹고, 동물성 지방을 많이 먹기 때문에 대장암이나 직장암이 많이 생기고 있어요. 옛날에 한 효자가 병에 걸린 부모님의 상태를 알아보기 위해 변을 살펴고 맛보았다는 이야기가 있는데, 의학적으로 전혀 근거가 없는 것은 아니랍니다. 대장암의 주된 증상은 변의 굵기가 가늘어지고, 피가 섞여서 나오는 것이니 여러분도 화장실에서 큰일을 볼 때 더럽다고 생각하지 말고 변의 상태를 자세히 살펴보세요.

큰창자에서 또 하나 중요한 것은 이곳에 살고 있는 세균입니다. 흔히 세균이라고 하면 병을 일으키는 나쁜 종류만을 떠올리기 쉽지만, 대장에 살고 있는 대장균처럼 유익한 세균도 있답니다. 대장균을 비롯하여 대장에 살고 있는 각종 500여 종의 장내 세균은 사람에게 해를 입히지 않고, 오히려 병을 일으키는 나쁜 세균들을 몸속에 들어오지 못하게 하며, 소화 효소로 소화되지 않는 섬유소 등을 분해하여 비타민 B, K 등을 만들기도 합니다. 따라서 아프다고 항생제를 많이 먹으면 몸에 유익한 세균도 죽일 수 있으니 주의해야 해요.

또한 대장균은 단백질을 분해하여 인돌, 스카톨, 황화수소 같이 고약한 냄새를 내는 물질을 만들어 내는데 이것이 대변의 독특한 냄새를 만들기도 합니다. 또 음식과 함께 장에 들어온 공기가 항문을 통해 밖으로 나오는 것이 방귀인데, 방귀 냄새는 고기를 많이 먹을수록 더 고약해집니다. 보통 우리 몸에서 하루에 $400 \sim 500mL$의 가스가 만들어지는데 이

가운데 250~300mL는 방귀로 나가고, 나머지는 트림이나 혈관에 흡수되어 호흡을 통해 빠져 나갑니다. 방귀는 자연스러운 생리 현상이기 때문에 참으면 오히려 몸에 좋지 않을 수도 있어요. 방귀를 참아서 황화수소 같은 독성 가스가 장 속에 남게 되면 이것이 작은창자로 거슬러 올라가 혈액에 흡수되어 간 기능을 약하게 하거나 면역력을 떨어뜨릴 수 있으므로 참지 말고 시원하게 뀌는 것이 건강에 좋답니다. 그렇다고 아무 때나 '방귀대장 뿡뿡이'처럼 방귀를 뀌면 곤란하지만요.

또 소화 기관을 수술한 환자에게 방귀는 기쁜 소리랍니다.

위나 소장, 대장을 수술한 후에 내는 첫 방귀 소리는 장이 제자리를 찾아 '이제 소화 기관이 다 나았으니 밥을 먹어도 된다'는 신호거든요.

침묵의 장기인 간

옛날 이야기를 보면 구미호가 사람이 되기 위해 남자의 간을 빼먹었다거나, 용왕의 병을 고치는 약으로 토끼의 간을 구해 오라는 등 유난히 간과 관련된 이야기가 많습니다. 그것은 간이 인체의 기관 중 크고, 영양분이 풍부한 장기이기 때문입니다.

가슴 쪽에 위치한 간은 무게가 1kg이 넘는 큰 기관으로 대략 양 손바닥을 합친 크기입니다. 간은 매우 부드러워 부서지기 쉽고 잘 찢어지며 혈관이 많아서 암갈색을 띱니다. 간은 오른쪽 갈비뼈에 둘러싸여 보호를 받는데, 숨을 크게 들이쉬면 오른쪽 갈비뼈 아래에서 간의 끝 부분이 만져집니다.

간은 3,000억 개 이상의 간세포로 이루어졌는데, 우리 몸의 화학 공장이라고 불릴 정도로 많은 물질들을 만들어 냅니다. 또한 작은창자에서 흡수한 포도당을 글리코겐으로 바꾸어 저장하며, 혈액 중의 포도당 농도가 낮으면 이를 포도당으로 분해하여 혈당량을 조절합니다. 또 여분의 당이나 아미노산을 지방으로 전환시켜 저장했다가, 에너지원이 감소되면 지방을 다시 간으로 운반하여 이용합니다.

이 밖에도 키와 머리카락을 자라게 하며 체내에서 발생하는 유해 물질과 알코올, 암모니아 등의 독성 물질을 해가 되지 않는 물질로 바꾸어 내보냅니다. 또한 소화와 흡수에 필요한 소화액인 쓸개즙을 매일 600~700mL씩 생산하고, 건강 유지에 필수 요소인 철분과 혈액의 저장고 역할을 합니다. 또 체온을 조절하는 역할도 하지요.

한편 간은 재생 능력이 뛰어나기 때문에 어느 정도 손상돼도 스스로 회복되며 심지어 $\frac{2}{3}$를 잘라 내도 정상적인 기능을 합니다. 또한 수술 후에 남아 있는 간은 재생되어 3개월이 지나면 거의 원래 크기로 자랍니다. 그래서 간은 하나밖에 없지만 조금 떼어서 이식을 해 줄 수도 있답니다.

하지만 이런 팔방미인 간도 완전히 손상되면 더 이상 회복이 불가능해요. 대개 술을 많이 마시면 지방이 가득 찬 지방간이 되는데, 여기서 좀 더 나빠지면 간이 딱딱해지는 간경화를 거쳐 암으로 발달할 수 있답니다. 그러니 이렇게 열심히 일하는 간이 망가지지 않도록 건강을 유지해야 해요.

만화로 본문 읽기

헉!
뿌웅

아, 더러워!

더럽긴. 베살리우스 선생님이 자연스러운 현상이라고 하셨어.

맞아요. 소화의 과정에서 발생되는 가스니까요!

멍

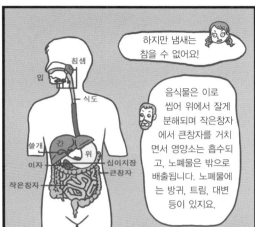

하지만 냄새는 참을 수 없어요!

음식물은 이로 씹어 위에서 잘게 분해되며 작은창자에서 큰창자를 거치면서 영양소는 흡수되고, 노폐물은 밖으로 배출됩니다. 노폐물에는 방귀, 트림, 대변 등이 있지요.

침샘
입
식도
쓸개
간
이자
작은창자
위
십이지장
큰창자

윤이의 햄버거를 보니 침이….

하하, 침 속에는 녹말을 소화시키는 아밀라아제라는 소화 효소가 들어 있지요. 따라서 입안에서 충분히 음식을 씹어 주어야 소화가 잘된답니다.

하하
추릅

쟤는 배 속에 얼마나 많은 음식을 저장할 수 있을까요?

하하
냠냠

하하, 음식물이 모이는 곳은 위로 남자는 1.4L, 여자는 1.3L 정도를 채울 수 있답니다. 물은 소화 과정이 필요 없기 때문에 그냥 통과하지요.

위에서 소화된 음식물은 작은창자로 내려갑니다. 여기서 탄수화물은 포도당으로, 단백질은 아미노산으로, 지방은 지방산과 글리세롤로 완전히 분해되어 흡수된답니다.

아~.

이후 큰창자에서는 영양소의 소화와 흡수는 거의 일어나지 않고 물의 흡수만 일어납니다. 남은 찌꺼기는 대변이 되어 밖으로 나가게 되지요.

하하

꾼
를

윽, 화장실이 급해!

쟤는 먹으면서 소화 다 됐나 봐요.

4

순환

온몸에 혈액을 운반하는 심장 및 혈관의
생김새와 종류, 하는 일에 대해 알아봅시다.

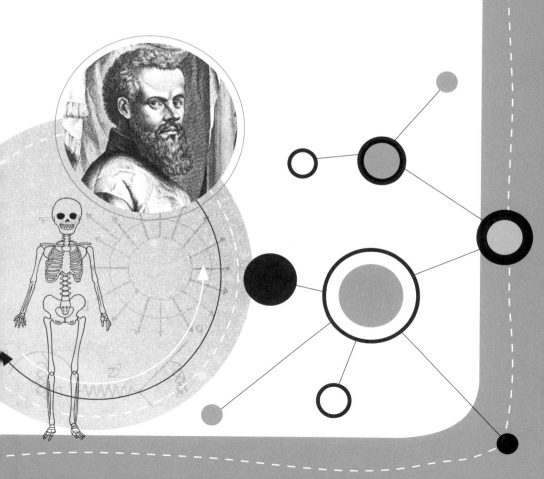

4

네 번째 수업

순환

베살리우스는 고속도로 사진을
보여 주며 네 번째 수업을 시작했다.

　고속도로가 없었던 옛날에는 먼 곳을 가는 데 엄청 힘이 들
었어요. 조선 시대에 과거를 보러 가는 선비가 부산에서 한
양을 가기 위해 두 달 전에 길을 나설 정도였죠. 또 많은 짐을
가지고 다니지도 못했어요. 하지만 오늘날에는 도로가 잘 발
달하여 아주 빠른 시간에 전국 방방곡곡을 다닐 수 있지요.
우리 몸에도 도로와 같은 기관인 혈관이 있답니다.
　혈관을 흐르는 혈액은 도로를 쌩쌩 달리는 자동차와 같은
일을 하지요. 비나 눈이 많이 와 도로가 막히면 우리 생활이
불편해지는 것처럼 혈관에 탈이 나면 몸에 병이 나게 되요.

또한 소화 기관에서 흡수된 영양소는 혈관을 통해 우리 몸 곳곳으로 이동해 세포에게 양분을 전달해 줍니다. 이렇게 우리 몸을 돌면서 세포에 양분과 산소를 공급하고, 세포에서 생긴 이산화탄소와 노폐물을 가져오는 일을 하는 혈액, 심장, 혈관을 순환계라고 합니다. 이번 시간에는 순환계에 대해 살펴보도록 해요.

와글와글 혈액 속 4총사

혈액은 몸무게의 7~8%를 차지하고 있어요. 즉, 몸무게가 60kg인 사람은 4.5L 정도가 혈액인 셈이지요. 혈액은 크게 액체 성분인 혈장과 고체 성분인 혈구(적혈구, 백혈구, 혈소판)로 이루어져 있습니다. 우리의 피는 붉은색으로 보이지만 피를 뽑아 시험관에 담은 다음 하루 정도 지나면 2개의 층으로 나뉘는 것을 볼 수 있습니다. 연한 노란색의 위층은 혈장으로 물, 무기염류, 비타민, 포도당, 아미노산 같은 물질이 녹아 있습니다. 붉은색의 아래층은 적혈구, 두 층의 경계인 얇은 흰색 띠는 백혈구랍니다. 혈소판은 너무 작아 눈에 보이지 않아요.

혈구는 태아 시기에는 간과 지라에서, 태어나서는 골수에서 만들어집니다. 어린 시절에는 다리뼈에서도 만들어지지만 20세가 넘어서는 척추, 골반, 갈비뼈, 가슴뼈 등 몸통에 있는 뼈에서만 만들어진답니다. 혈구를 만들 수 있는 골수는 붉은색을 띠지만, 팔다리뼈의 골수는 지방으로 차 있어 노란색을 띱니다.

적혈구

혈구 중 가장 많은 것은 적혈구로 혈액 $1mm^3$당 500만 개 정도가 있습니다. 현미경으로 혈액을 관찰하면 화면에 한가득 적혈구만 우글거린답니다. 적혈구는 오목한 원반 모양을 하고 있는데, 처음 만들어질 때에는 핵을 가지고 있지만 자라면서 핵이 없어져요. 세포들은 모두 핵을 가지고 있는 줄 알았는데, 적혈구는 예외지요?

적혈구 안에는 헤모글로빈이라는 단백질이 아주 많은데 헤모글로빈 안에는 철 성분이 들어 있어요. 철은 산소와 만나면 붉은색으로 변하므로 산소를 운반하는 적혈구도 붉은색이고 혈액도 붉은색을 띠지요. 헤모글로빈은 산소가 많은 곳에서는 산소와 잘 결합하고, 산소가 적은 곳에서는 산소와 잘 떨어지는 성질이 있기 때문에 산소가 많은 허파를 지날 때

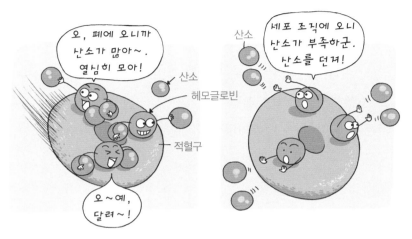

산소를 꼭 붙잡았다가, 산소가 적은 세포 조직에 가서는 산소를 떼어 놓습니다. 적혈구의 수명은 120일 정도이며 1개의 적혈구는 일생 144km를 움직입니다. 수명이 다한 적혈구는 지라에서 파괴되지요.

헤모글로빈의 주요 성분이 철이라고 했죠? 따라서 적혈구가 적거나 헤모글로빈이 적으면 빈혈에 걸려요. 빈혈에 걸리면 몸에 산소가 부족해서 어지럽고, 식은땀이 나며 얼굴이 창백해집니다. 따라서 빈혈에 걸리지 않으려면 철분이 풍부한 음식을 먹어야겠지요. 특히 청소년, 생리를 하는 여성, 임신부의 경우에는 철분이 부족하기 쉬우므로 이를 보충할 수 있는 음식이나 영양제를 꼭 챙겨 먹어야 합니다.

백혈구

전쟁이 일어나면 병사들은 적군을 맞아 싸웁니다. 이처럼 우리 몸에는 백혈구라는 용감한 병사가 있지요.

백혈구는 여러 가지 종류가 있는데 적혈구보다 크고, 핵을 가지고 있습니다. 비록 혈액 1mm^{3}당 5,000개로 적혈구에 비해 수는 적지만 나쁜 세균들을 훌륭하게 물리치지요. 세균이 우리 몸에 들어온 순간, 백혈구들은 순식간에 상처 부위로 몰려와 세균을 잡아먹거든요. 이렇게 백혈구가 외부에서 침입한 세균을 잡아먹는 것을 식균 작용이라고 합니다.

백혈구의 모양은 일정하지가 않아서 외부에서 세균이 침입하면, 감싼 후 뻥 터뜨려 죽입니다. 따라서 우리 몸에 세균이 침입하여 염증이 생기면 백혈구가 가장 먼저 증가합니다. 상처 부위가 곪는 까닭은 그곳으로 세균이 침입했기 때문인데 이때 고름 속에는 싸우다 죽은 백혈구, 죽은 세포 조각, 세균 등이 섞여 있습니다. 결국 고름은 우리 몸과 세균이 벌인 전투의 흔적인 셈이지요. 이렇게 용감한 백혈구의 수명은 매우 짧아 1~2일 정도랍니다.

그런데 드라마에서 비련의 여주인공들이 잘 걸리는 백혈병은 어떤 병일까요? 백혈병은 혈액에 생기는 암의 일종입니다. 암은 정상 세포가 아닌 돌연변이 세포들이 모여서 결국

제 기능을 하지 못하도록 합니다. 따라서 백혈병에 걸리면 골수에서 만들어진 백혈구가 정상적으로 자라지 못하고 양만 많아지지요. 쓸모도 없는 백혈구가 많아지니 상대적으로 적혈구나 혈소판의 수가 줄어들겠지요? 그래서 백혈병에 걸리면 적혈구 부족에 따른 빈혈, 혈소판 감소에 따른 출혈, 정상 백혈구 감소로 인한 세균 감염 등 여러 가지 증상이 나타납니다. 더 심각한 문제는 골수에서 나온 암세포가 혈액을 따라 온몸으로 퍼져 다른 조직도 감염시킨다는 것이지요. 백혈병은 혈액을 만드는 골수에 이상이 생긴 것이므로 골수를 바꿔 주어야만 해요. 그래서 백혈병 환자의 치료를 위해서는 골수 기증이 꼭 필요하답니다.

혈소판

혈소판은 적혈구나 백혈구와 달리 세포가 아니고 세포 조각이에요. 그래서 혈소판을 관찰하기 위해서는 전자 현미경으로 보아야 한답니다. 혈소판은 혈액을 응고시키는 역할을 합니다. 어릴 적, 장난치다 넘어져 무릎을 다친 경험이 있을 거예요. 처음에는 피가 나서 쓰리고 아프지만, 어느 정도 시간이 지나면 노란 물이 나오면서 피딱지가 생기죠. 그리고 며칠 후 피딱지가 떨어지면 새살이 돋아난 것을 볼 수 있어요. 이런 과정들이 혈소판에 의해 일어나는 것이랍니다. 혈관이 찢어져 피가 나면 상처가 난 부분에 혈소판이 모여 서로 엉키면서 찢어진 부분을 덮습니다. 그런데 상처가 난 부위의 혈액이 응고되지 않는다면, 어떻게 될까요? 피가 계속 나서 혈액을 잃을 뿐만 아니라, 상처 부위를 통해 나쁜 세균이 들어올 수도 있습니다.

혈우병은 혈소판에 문제가 생겨 걸리는 유전병입니다. 19세기 유럽 왕실에 널리 퍼진 병이어서 '왕실병'이라는 별명도 얻었지요. 연구에 의하면 19세기 대영 제국의 빅토리아 여왕에게 혈우병 유전자가 있어 몇몇 자손들에게 전달되었으며 러시아의 마지막 황제인 니콜라이 2세의 부인 알렉산드라도 혈우병 유전자를 가지고 있어 황태자가 이 병에 걸렸다고 해요. 이렇게 혈우병을 가진 사람들은 사소한 상처에도 피가 멎지 않아 죽는 경우가 있습니다. 하지만 오늘날에는 혈소판 수혈을 할 수 있기 때문에 아주 위험한 병은 아닙니다. 혈소판의 수명은 14일인데, 수혈하기 위해 뽑아두면 최대 보관 기간이 5일로 줄어든답니다.

혈장

혈장의 성분은 대부분 물입니다. 혈장은 작은창자에서 흡수한 영양소, 세포의 생명 활동 결과로 생긴 노폐물과 이산화탄소, 호르몬과 항체 등을 운반하는 역할을 합니다. 또한 혈장은 혈당량, 삼투압, pH(수소 이온 농도)를 일정한 수준으로 유지하고 체온을 유지하는 일을 한답니다. 건강한 사람의 체온은 섭씨 36.5℃이고, 혈당량은 0.1%, pH는 7.4 정도입니다. 혈장은 우리 몸을 이렇게 건강한 상태가 되도록 유지해 주는 일을 하지요.

평생 쉬지 않는 심장

사람의 심장은 자기 주먹만 한 크기로, 무게는 300g 정도이며, 왼쪽 가슴뼈 안쪽에 있습니다. 심장은 두꺼운 근육으로 이루어져 있는데, 세로로 잘라 보면 2개의 작은 심방과 2개의 큰 심실로 이루어져 있습니다. 심방은 혈액이 들어오는 곳이고, 심실은 혈액이 나가는 곳이며 두 곳은 혈관으로 연결되어 있습니다.

2세기 로마의 의사였던 갈렌은 심장에서 혈액이 뿜어져 나온다는 사실을 알고 심장이 혈액을 만들어서 몸에 공급한다고 생각했습니다. 이러한 생각은 17세기 영국의 의사 하비

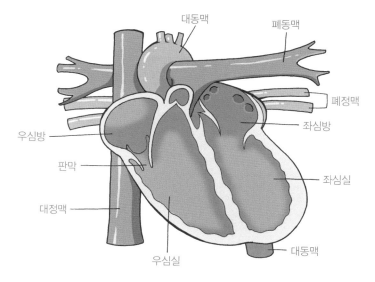

대동맥

폐동맥

폐정맥

좌심방

우심방

판막

좌심실

대정맥

대동맥

우심실

심장의 구조

(William Harvey, 1578～1657)가 혈액이 순환한다는 사실을 밝힐 때까지 계속되었습니다. 하비는 실험을 통해 혈액이 순환하며 심장은 펌프처럼 움직여 혈액을 운반한다는 것을 알아냈답니다.

  심장은 우리가 죽을 때까지 쉬지 않고 뜁니다. 심장에서 나간 혈액은 다시 심장으로 돌아오는 데 약 1분이 걸리고, 매일 9만 6,000km에 이르는 혈관에 혈액을 내보내는 심장의 운동량을 계산하면 3만 kg의 물체를 8,000m 산 정상까지 밀어 올릴 수 있는 힘이라고 합니다. 또한 심장은 1분에 약 70

회 박동하며, 1회에 약 70mL의 혈액을 내보냅니다. 따라서 심장은 1분 동안 4,900mL, 약 5L의 혈액을 밀어내는 셈이지요. 심장은 하루 평균 약 10만 번 박동하며 70세를 기준으로 평생 26억 번을 움직입니다. 심장이 얼마나 힘든 일을 해내는지 조금은 짐작이 가나요?

__ 네, 튼튼한 심장이 있는 우리는 행복한 거네요.

심장 박동은 왼쪽 가슴에 손을 올리면 느낄 수 있지만, 손목이나 귀 밑 등을 지나는 혈관에 손가락을 대어도 알 수 있습니다. 이것을 맥박이라고 하지요.

혈액은 심장의 어느 부분을 어떻게 지나갈까요? 온몸을 돌아온 혈액은 대정맥을 통해 우심방으로 들어가서 우심실로 내려가며, 우심실에서 폐정맥(허파 정맥)으로 나가 다시 허파를 통해 폐동맥(허파 동맥)을 타고 좌심방으로 들어갑니다. 그리고 좌심방에서 좌심실로 내려갔다가 좌심실에서 대동맥을 통해 온몸으로 나가지요. 심장은 판막이 있어 혈액이 거꾸로 흐르지 않고 한쪽 방향으로만 흐르게 됩니다.

혈관은 심장 박동에 의해 압력을 받는데 이것을 혈압이라고 합니다. 혈압은 나이와 성별에 따라 차이가 있는데 정상일 때 최고 혈압은 120mmHg, 최저 혈압은 80mmHg 정도입니다.

우리 몸의 고속도로인 혈관

혈관의 종류에는 동맥, 정맥, 모세 혈관이 있습니다. 심장에서 나가는 혈관을 동맥, 심장으로 들어가는 혈관을 정맥이라고 하는데, 동맥과 정맥은 우리 몸의 각 조직과 모세 혈관으로 연결되어 있습니다.

동맥의 혈관 벽은 두껍고 탄력성이 좋아서 심장의 강한 수축으로 생기는 높은 혈압에도 잘 견딜 수 있습니다. 동맥이 다치면 혈액의 높은 압력 때문에 피가 분수처럼 터지므로 피부 안에 깊이 보호되어 있지요. 동맥은 여러 갈래로 갈라지고 점점 가늘어져 마지막에는 모세 혈관으로 이어집니다.

모세 혈관은 지름 0.000001m 정도의 가느다란 혈관입니다. 동맥과 정맥을 고속도로라고 한다면, 온몸에 그물처럼 퍼져 있는 모세 혈관은 국도와 시골길이라고 할 수 있습니다. 모세 혈관의 혈액은 천천히 흐르면서 조직 세포에 산소와 양분을 주고, 노폐물과 이산화탄소를 받아 오지요. 이러한 모세 혈관이 다시 합쳐지면 정맥으로 연결됩니다.

정맥은 온몸을 돌고 다시 심장으로 돌아오는 혈액이 흐르는데, 동맥과 달리 혈액의 압력이 낮아 혈관 벽이 얇으며, 혈액이 되돌아오는 것을 막기 위해 판막이 있습니다. 정맥은 피부 근처에 분포하는데 다쳐도 혈액의 낮은 압력 때문에 피가 졸졸 나옵니다.

가끔 나도 모르는 사이 어딘가에 세게 부딪히면 살갗 아래에 있는 모세 혈관까지 다치게 되는 경우가 있습니다. 모세 혈관이 터지게 되면 몸 밖으로 빠져 나오지 못한 피는 살갗 아래에 그대로 고이게 되지요. 이렇게 피가 고여 생긴 멍 자국은 살갗을 통해 푸르스름하게 보이지만 며칠 지나지 않아 저절로 사라지므로 걱정하지 않아도 됩니다.

하지만 뇌나 심장을 통하는 중요한 혈관이 막히게 되면 큰일납니다. 심장과 혈관 질환은 대부분 동맥 경화 때문에 생깁니다. 동맥 경화는 '동맥이 점차 딱딱해진다'는 뜻으로 콜레스테롤 같은 지방 성분과 칼슘이 혈관에 붙어 혈관의 안지름이 점점 좁아지고, 단단하게 굳어져서 탄력이 떨어지는 현상입니다. 동맥 경화가 발생하면 동맥 쪽의 혈압은 상승하고 심장이나 뇌 조직 등에는 혈액의 공급이 부족해집니다. 심할 경우 심장마비, 뇌졸중, 뇌출혈 같은 증상이 나타나거나 사망에 이를 수도 있으니 주의해야 해요.

이제 혈액이 우리 몸을 도는 과정에 대해 알아볼까요? 심장 박동으로 좌심실이 수축하면 혈액은 심장에서 밀려 나와 대동맥, 동맥, 모세 혈관을 지나 온몸의 조직 세포에 산소를 공급합니다. 그리고 조직 세포에서 이산화탄소와 노폐물을 받아 정맥, 대정맥을 거친 후 우심방으로 돌아오는데, 이러한 과정을 온몸을 돈다고 하여 체순환이라고 합니다.

이렇게 우심방으로 들어온 혈액은 우심실로 넘어가 폐동맥을 거친 후 폐(허파)로 들어갑니다. 혈액은 폐에서 이산화탄

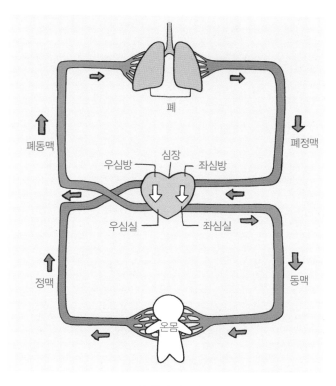

체순환과 폐순환

소를 내놓고 충분한 산소를 얻어 폐정맥과 좌심방을 통해 좌심실로 들어옵니다. 이와 같이 심장과 폐 사이의 혈액 순환을 폐순환이라고 합니다.

만화로 본문 읽기

선생님, 피가 잘 안 멈춰요.

혈액은 혈관을 통해 우리 몸을 순환하기 때문이지요. 우리 눈에 보이진 않지만 지금 찬이 군 몸의 백혈구들이 세균과 싸우느라 고생이 많아요.

그런데 선생님, 피는 왜 빨간색이에요?

적혈구 안에는 헤모글로빈이라는 단백질이 많은데, 헤모글로빈 안에는 철 성분이 들어 있어요. 그런데 철은 산소와 만나면 붉은색으로 변하거든요.

앗, 피가 멈췄어요.

혈소판 때문이에요. 혈소판은 혈액을 응고시키는 일을 하지요. 또한 우리 몸의 혈액 속에는 혈장이 있는데 혈당량, 삼투압, pH를 일정한 수준으로 유지하고 체온을 유지하지요.

그럼 혈액은 어떤 힘에 의해 순환할 수 있는 건가요?

바로 심장이지요. 심장이 펌프처럼 움직여 혈액을 운반하는 것이에요.

심장아, 내 안에 너 있다.

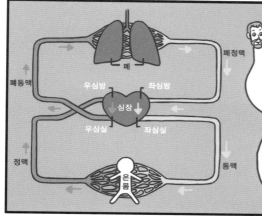

심장 박동으로 좌심실이 수축하면 혈액은 심장에서 밀려 나와 혈관을 통해 온몸의 조직 세포에 산소를 공급합니다. 그리고 조직 세포에서 이산화탄소와 노폐물을 받아 우심방으로 돌아오는데, 이러한 과정을 체순환이라고 합니다.

우심방으로 들어온 혈액은 우심실, 폐동맥을 거친 후 폐로 들어갑니다. 이때 이산화탄소를 내놓고 산소를 얻어 폐정맥, 좌심방을 통해 좌심실로 들어옵니다. 이것을 폐순환이라고 하지요.

5

호흡

우리가 살아가는 데 필요한 산소를 들여오는
호흡 기관의 생김새와 종류, 하는 일에 대해 알아봅시다.

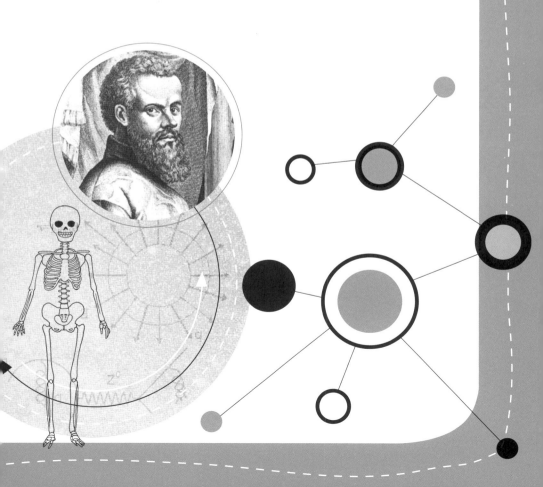

5

다섯 번째 수업
호흡

베살리우스는 바닷가 사진을 보여 주며
다섯 번째 수업을 시작했다.

　사람들은 더운 여름철이면 바닷가에 많이 놀러가죠. 친구
들과 물속에서 누가 오랫동안 숨을 참는지, 누가 더 빨리 헤
엄치는지 내기하기도 하고요. 그런데 코를 막고 물속에 들어
가면 얼마 지나지 않아 가슴이 답답하고 숨이 막혀 물 밖으로
고개를 들게 되죠. 제주도의 해녀나 잠수부 대원은 우리보다
더 오래 잠수할 수 있지만, 훈련에 의해서 시간이 길어질 뿐
무한정 물속에 있을 수는 없답니다.
　그렇다면 사람은 왜 숨을 쉬어야 할까요? 숨을 쉬지 않으
면 왜 위험해지는 걸까요?

우리가 숨을 쉬는 것은 호흡이라고 하고, 호흡을 담당하는 코, 기관, 허파를 호흡계라고 한답니다. 이번 시간에는 호흡이 어떤 의미인지, 왜 중요한지에 대해 알아보기로 해요.

우리 몸의 공기 청정기인 코와 기관

요즘 공기 청정기를 설치하는 집이 많아졌습니다. 서울 같은 대도시는 시골에 비해 공기가 오염되어 건강을 걱정하는 사람들이 늘어났기 때문이죠. 코는 우리 몸에서 공기 청정기 역할을 하는 기관입니다. 흔히 코는 냄새를 맡는 일만 한다고 생각하기 쉽지만, 깨끗한 공기를 폐(허파)에 보내는 일도 중요한 역할 중 하나이지요. 우리가 들이마시는 공기에는 오염 물질과 세균, 바이러스, 먼지, 꽃가루 같은 알레르기 물질 등 해로운 것들이 많습니다. 코는 이러한 유해 물질을 1차로 걸러주는 검문소 역할을 하지요.

코안을 살펴보면 시커먼 코털이 나 있는 것을 볼 수 있어요. 밖으로 삐져나온 코털은 참 보기 싫지만 그렇다고 코털을 모조리 뽑아 버리면 큰일 나요. 코털과 코안의 끈끈한 점액들은 공기 중의 먼지와 세균을 걸러 달라붙게 하거든요.

먼지와 세균이 코털과 점액에 붙어 있는 모습

이러한 물질들이 코에 말라붙은 것이 코딱지이지요.

또 코는 공기를 따뜻하고 습하게 만들어 폐로 보냅니다. 차갑고 건조한 공기가 바로 들어가면 연약한 폐에게 좋지 않거든요. 그래서 코감기가 걸리거나 심한 운동을 해서 입으로 숨을 쉬면 입과 목이 말라 잔기침을 계속하고 숨을 쉬기가 힘들어져요. 입은 공기를 축축하고 따뜻하게 해 주는 일을 하지 못하거든요.

코의 이런 기능 때문에 사는 환경에 따라 코의 생김새가 다르답니다. 덥고 메마른 지역에 사는 아랍 인은 콧속의 공기를 습하게 만들 공간이 필요하므로 코가 크고 오뚝한 반면,

덥고 습기가 많은 열대 우림 지역의 동남아시아 인은 공기 조절 작용이 그다지 필요하지 않기 때문에 코가 넓고 납작합니다.

코를 통과한 공기는 빈 공간인 비강을 지나 목의 기도로 넘어가요. 목에는 음식이 지나가는 길인 식도와 공기가 지나가는 기도가 있답니다. 그런데 식도와 기도는 인두라는 곳에서 만나게 돼요. 즉, 입으로 들어온 음식은 인두에서 식도로, 코로 들어온 공기는 인두에서 기도로 넘어가는 것이죠. 그런데 가끔 식도로 넘어가야 할 음식이 기도로 넘어가는 경우가 있어요. 그럴 때는 강한 재채기와 함께 음식이 튀어나오죠. 그런데 음식을 먹을 때마다 늘 기도로 넘어가면 곤란하겠죠? 그래서 인두 아래에는 후두덮개라는 막이 있어요.

후두덮개는 음식이 기도로 들어가는 것을 자동으로 막아 줍니다. 만약 급하게 먹다가 음식이 기도로 넘어간 경우에는 숨이 막혀 죽을 수도 있어요. 일본에서는 정초에 찹쌀떡을 먹는 풍습이 있는데, 찹쌀떡이 기도에 막혀 죽은 노인들의 기사가 해마다 나온답니다. 따라서 이런 사고를 예방하려면 음식을 꼭꼭 씹어 먹어야겠지요.

먼지가 어느 정도 걸러진 공기는 올록볼록한 호스처럼 생긴 기관을 지나는데, 이 기관은 가슴뼈 윗부분에서 다시 좌

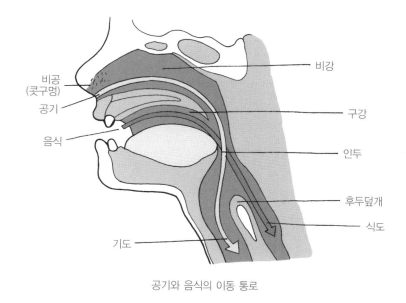

비공
(콧구멍)

공기

음식

기도

비강

구강

인두

후두덮개

식도

공기와 음식의 이동 통로

우 기관지로 나뉩니다. 기관지는 여기에서 계속 가지를 쳐서 20번 정도 갈라지면 지름 1mm 미만의 기관지가 되고, 여기서 3번 더 가지를 치면 폐포(허파 꽈리)가 됩니다.

기관과 기관지의 모습만 떼어 보면 잔가지가 많이 난 겨울철 나무의 모습과 비슷하답니다. 기관지는 코와 마찬가지로 점액을 분비하는 세포가 있어서 항상 축축합니다. 폐로 들어온 공기 속의 오염 물질이나 세균은 이 점액층에 붙습니다. 이때 크기가 0.01~0.015mm 이상인 것은 콧속의 코털에 의해 걸러지고, 이보다 작지만 0.005mm 이상의 것은 콧속의 점액에 붙지요. 그리고 0.001~0.005mm 크기의 물질은 기관과 기관지 점막에 붙습니다. 기관지 깊숙이 폐포까지 들어가는 입자는 0.001mm 이하인데, 이들은 보통 내쉬는 공기와 함께 나옵니다.

또 기관지 내벽에는 아주 작고 부드러운 섬모가 있어서 점액층에 붙은 오염 물질을 끊임없이 위로 보냅니다. 섬모들은 1분에 1,000회 정도 움직여 1분당 1~2cm 속도로 먼지를 밀어냅니다. 이렇게 위로 올라간 먼지와 세균은 보통 식도에서 위로 들어가 소화되는데, 점액의 양이 많아지면 기침을 통해 몸 밖으로 나가기도 합니다. 이것이 가래이지요.

숨쉬기를 담당하는 폐

폐(허파)는 위쪽이 뾰족하게 생긴 고깔 모양으로 스펀지처럼 탄력이 있습니다. 폐는 가슴안 뼈의 보호를 받으며, 가슴막(늑막)이라는 얇은 조직에 둘러싸여 있지요. 심장을 중심으로 위치한 폐는 오른쪽이 55%, 왼쪽이 45%로 오른쪽 폐가 좀 더 큽니다. 그 이유는 왼쪽에 심장이 있기 때문이랍니다. 또한 남자의 폐는 약 1kg, 여자는 0.9kg 정도로 남자의 폐가 조금 더 크다고 볼 수 있습니다.

폐 아래에는 근육으로 이루어진 횡격막이 있습니다. 딸꾹질은 호흡 근육인 횡격막이 불규칙하게 경련을 일으키는 현상입니다. 폐 아래의 횡격막은 숨을 쉴 때 입구를 여닫아 한꺼번에 너무 많은 공기가 들어가지 않도록 조절합니다. 폐로 들어가는 입구가 닫히면 공기의 흐름이 갑자기 끊어지는데 이미 들이마신 공기는 '딸꾹' 소리와 함께 폭발하듯이 바깥으로 나갑니다. 딸꾹질은 갑자기 시작되고 갑자기 멈추는데, 심한 경우 1분 동안 100번이나 딸꾹질이 일어나기도 합니다. 《기네스북》의 기록에 따르면 딸꾹질을 가장 오래한 사람은 미국인 찰스 오스본으로, 1922년에 처음 딸꾹질을 시작해서 1990년 2월에야 멎었다고 해요. 죽기 전까지 계속 딸꾹질을 했다니 얼마나 힘들었을까요? 일반적인 딸꾹질은 우리 몸에 해가 되지 않지만, 계속하면 속이 좋지 않거나 머리가 아프기도 합니다. 딸꾹질이 계속 나오면 손가락을 입에 넣어서 토하거나, 많은 양의 물을 마시는 것이 도움이 된답니다.

폐에는 얼마나 많은 공기가 들어 있을까요? 대부분의 사람이 폐로 한 번에 호흡하는 공기의 양은 약 0.5~1L이며 하루에 약 1만 L입니다. 숨을 충분히 들이쉬었다 내쉬었을 때의 공기량을 폐활량이라고 합니다. 폐에 들어 있는 공기량은 대

개 6.5L 정도로 남자의 폐활량은 3.5L, 여자는 2.5L 정도입니다. 특히 수영이나 달리기 종목의 운동선수들에게는 폐활량이 무척 중요합니다. 세계적인 수영 선수인 박태환은 다른 외국 선수들에 비해 키와 발 크기는 작지만 폐활량이 7L나 되기 때문에 수영을 잘할 수 있는 것이랍니다.

숨을 쉬는 횟수는 어떨까요? 성별이나 나이, 운동 상태 등에 따라 다르기는 하지만 성인 남자의 경우 1분 동안 평균 15번 숨을 쉰다고 해요. 70년을 산다고 했을 때 숨을 쉬는 횟수는 무려 5억 5,000번! 놀라운 숫자지요?

폐를 이루는 기본 단위는 포도송이 모양의 폐포(허파 꽈리)로 지름이 2~3mm 정도이며 3~5억 개가 모여 있습니다. 폐포의 표면에는 그물 모양으로 모세 혈관이 얽혀 있는데 이들 사이에 산소와 이산화탄소의 기체 교환이 일어나지요. 우리 몸의 폐포를 모두 펼치면 테니스장 면적과 비슷한 80m² 정도가 되는데, 이런 구조는 좁은 공간에서 최대한 많은 산소를 받아들일 수 있도록 도와주지요.

들이쉬고 내쉬는 호흡 운동

공기가 우리 몸속으로 들어왔다 나가는 일은 어떻게 일어날까요? 갈비뼈 부분에 손을 댄 다음에 숨을 크게 들이쉬고 내쉬어 보세요. 숨을 쉬는 것에 따라 갈비뼈의 위치와 가슴의 부피가 달라지는 것을 느낄 수 있을 거예요.

폐는 갈비뼈와 횡격막으로 둘러싸여 있는데, 숨을 들이쉬면 커지고, 내쉬면 작아집니다. 풍선을 폐라고 생각하면 바람을 불어넣은 풍선은 숨을 들이쉰 상태의 폐이고, 바람이 빠진 풍선은 숨을 내쉰 상태의 폐라고 할 수 있습니다. 그런데 폐에는 근육이 없기 때문에 스스로 움직일 수 없습니다.

따라서 갈비뼈와 횡격막의 운동으로 폐의 부피가 변하게 되는 것이지요.

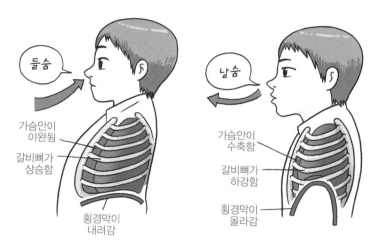

들숨과 날숨 때 우리 몸의 변화

그런데 우리가 들이마신 공기에는 산소, 이산화탄소, 질소 등 여러 가지 기체들이 섞여 있습니다. 필요한 것은 산소뿐인데 말이죠. 따라서 산소를 제외한 공기는 숨을 내쉴 때 다시 나갑니다. 그래서 내쉬는 숨에는 들이쉬는 숨에 비해 이산화탄소의 양이 많지요.

그렇다면 우리 몸에 들어간 산소는 어떻게 될까요? 지금부터 산소의 여행 과정을 살펴보도록 해요.

과학자의 비밀노트

들숨과 날숨

갈비뼈가 위로 올라가고 횡격막이 아래로 내려가면 흉강이 넓어지면서 내부 압력이 낮아져 폐가 부풀어 오른다. 그 결과 외부의 공기가 코와 기관, 기관지를 거쳐 폐로 들어가게 되는데 이것을 들숨이라고 한다. 반대로 갈비뼈가 아래로 내려가고 횡격막이 위로 올라오면 흉강이 좁아지면서 내부 압력이 높아져 폐가 작아진다. 그 결과 폐 속에 있던 공기가 기관과 기관지, 코를 통해 외부로 나가게 되는데 이것을 날숨이라고 한다.

폐포에서는 산소를 받아들이고 이산화탄소를 내보내는 기체 교환이 일어나므로, 날숨을 통해 몸 밖으로 내보내는 공기 속에는 들숨을 통해 몸 안으로 들어오는 공기에 비해 이산화탄소의 양이 많고 산소의 양이 적다.

구분	공기	갈비뼈	횡격막	가슴안 부피	가슴안 압력
날숨	밖으로 나감	하강	상승	좁아짐	높아짐
들숨	폐로 들어옴	상승	하강	넓어짐	낮아짐

우리가 들이마신 공기는 빠른 속도로 폐에 도착합니다. 폐포에 도착한 공기는 상대적으로 산소의 양이 많고, 폐포를 둘러싸고 있는 모세 혈관에는 상대적으로 이산화탄소의 양이 많습니다. 이러한 차이로 산소는 폐포에서 모세 혈관으로, 이산화탄소는 모세 혈관에서 폐포로 이동합니다. 이렇게 농도가 높은 곳에서 낮은 곳으로 물질이 이동하는 현상을 확산이라고 해요. 교실 한쪽에 떨어뜨린 암모니아 냄새가 온

교실에 퍼지는 현상, 향수 냄새가 방 안 가득 퍼지는 현상 등이 바로 확산 현상의 예입니다. 이렇게 폐에서 일어나는 기체 교환 과정을 외호흡이라고 하는데, 폐포로 이동한 이산화탄소는 날숨을 통해 밖으로 나가게 되지요.

그럼 모세 혈관 속으로 이동한 산소는 어디로 갈까요? 산소는 혈관을 타고 온몸의 조직 세포로 운반되지요. 앞에서 배웠듯이 우리 몸의 곳곳에는 모세 혈관이 퍼져 있어요. 조

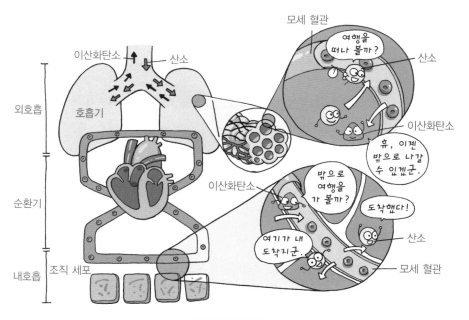

외호흡과 내호흡

직 세포에 상대적으로 많은 이산화탄소는 모세 혈관으로 들어가게 되고, 모세 혈관에 있는 산소는 산소가 부족한 조직 세포로 떠나게 되지요. 이렇게 조직 세포에서 일어나는 기체 교환 과정을 내호흡이라고 합니다. 내호흡에 의해 모세 혈관으로 나온 이산화탄소는 다시 폐로 돌아오고, 외호흡을 통해 몸 밖으로 나오죠.

세포가 숨을 쉰다고?

베살리우스가 학생들에게 물었다.

호흡이 뭐죠?
__ 숨쉬기요.
그렇죠. 하지만 엄밀하게 이야기하면 단순히 숨쉬기만으로 끝나는 것은 아니랍니다.
내가 수업을 시작할 때 '사람은 왜 숨을 쉬어야 할까?'라고 물어봤어요. 지금까지 배운 바에 따르면 '우리 몸에 산소를 공급하기 위해서'라고 대답할 수 있겠네요. 그렇다면 다시 질문 한 가지! 산소는 왜 필요한 걸까요?

여기에 대한 대답을 하기 위해서는 세 번째 시간에 배웠던 소화를 떠올려야 해요. 소화는 음식의 영양소를 우리 몸이 흡수할 수 있도록 잘게 부수어 주는 과정이라고 했는데, 이 영양소를 이용해 에너지를 만들어야만 우리가 이용할 수 있답니다. 땅콩이나 잣, 새우 과자같이 기름기가 많은 음식에 불을 붙이면 잘 타는 것을 볼 수 있어요. 새우 과자 1봉지면 라면도 끓여 먹을 수 있지요. 이렇게 물질이 탈 때 빛과 열을 내면서 물과 이산화탄소를 만들어 내는 과정을 연소라고 하는데 이런 과정이 우리 몸의 세포에서도 일어난답니다. 물론 빛이 나는 것은 아니지만요.

세포의 미토콘드리아는 우리 몸의 발전소라고 할 수 있고, 포도당 같은 영양소는 산소를 이용하여 분해하면 에너지를 만들어 낼 수 있습니다. 물론 연소처럼 물과 이산화탄소 같은 노폐물을 만들어 내죠. 이렇게 세포에서 일어나는 호흡 과정을 세포 호흡이라고 합니다. 미토콘드리아에서 만들어진 에너지는 우리가 자라고, 생활하고, 체온을 유지하는 등 많은 일에 사용되지요.

그러니 '호흡을 하지 못하면 숨을 쉬지 못해 죽는다'는 설명보다는 '우리가 살아가는 데 필요한 에너지를 만들지 못해서 죽게 된다'고 하는 것이 더 과학적인 말이죠.

만화로 본문 읽기

악! 보기 싫은 코털….

그렇다고 다 뽑으면 안 돼요. 코털과 코안의 끈끈한 점액들이 공기 중의 먼지와 세균을 거르는 역할을 하거든요.

선생님, 딸꾹질이 안 멈춰요. 딸꾹!

딸꾹

자, 여기 물이요! 천천히 마시면 괜찮아질 거예요. 딸꾹질은 폐 아래 호흡 근육인 횡격막이 불규칙하게 경련을 일으키는 현상이에요.

아, 폐의 횡격막이 숨을 쉴 때 들어가는 공기의 양을 조절한다고 들었어요.

맞아요. 폐는 갈비뼈와 횡격막으로 둘러싸여 있는데 숨을 들이쉬면 커지고, 내쉬면 작아지지요.

아, 꼭 풍선 같이요?

좋은 비유예요. 이렇게 우리가 들이마신 공기에는 여러 가지 기체가 섞여 있는데, 우리에게 필요한 것은 산소뿐이죠?

네, 그럼 필요 없는 기체들은 어떻게 몸 밖으로 나가게 되나요?

우리가 들이마신 공기는 폐에 도착해 산소는 폐포에서 모세 혈관으로, 이산화탄소는 모세 혈관에서 폐포로 이동합니다. 이러한 과정을 외호흡이라 하고, 이산화탄소는 날숨을 통해 밖으로 나가게 되지요.

이산화탄소 산소

산소는 혈관을 타고 온몸의 조직 세포로 운반되지요. 이때에도 조직 세포와 모세 혈관 사이에 기체 교환이 일어나는데 이것을 내호흡이라고 합니다.

아, 외호흡과 내호흡이 이루어지며 필요한 산소는 남고, 이산화탄소는 밖으로 나가게 되는군요.

6

배설

우리 몸의 노폐물을 만들고 내보내는
배설 기관의 생김새와 종류, 하는 일에 대해 알아봅시다.

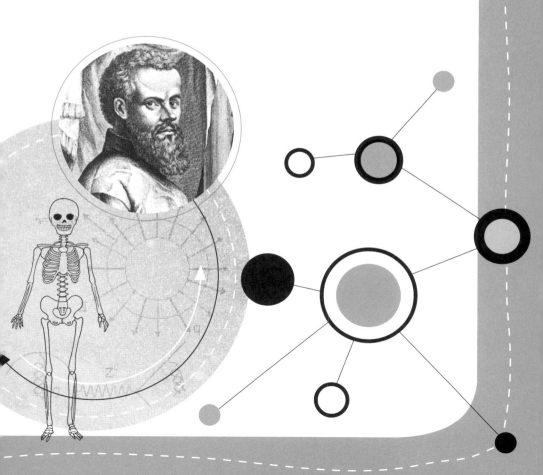

6

여섯 번째 수업

배설

베살리우스는 쓰레기장 사진을
보여 주며 여섯 번째 수업을 시작했다.

만일 도시에 쓰레기장이 없으면 어떻게 될까요? 온 도시가
쓰레기로 넘쳐 살기 힘들겠죠. 또 세균이나 바이러스 등이
많이 생겨 건강을 위협할 수도 있습니다.

우리 몸에서도 세포 호흡을 통해 에너지를 만들면서 여러
가지 노폐물이 생기지요. 따라서 이런 노폐물을 몸 밖으로
내보내기 위해 신장(콩팥)과 방광이 있습니다. 신장은 혈액
속의 노폐물을 걸러 오줌을 만들고, 방광은 오줌을 모으는
장소입니다. 오줌의 성분은 대부분이 물인데, 물과 노폐물
이외에 몸속에서 사용하고 남은 염분도 들어 있습니다. 이러

한 과정을 통해 우리 몸은 체액의 농도를 일정하게 유지할 수 있는 것이지요. 이처럼 배설은 몸에 불필요한 노폐물을 몸 밖으로 내보내고, 몸의 상태를 일정하게 유지해 주는 매우 중요한 과정이라고 할 수 있습니다.

그런데 여러분이 착각하기 쉬운 사실이 하나 있어요. 오줌은 노폐물이지만, 대변은 노폐물이 아니라는 것입니다. 대변은 소화 기관으로 흡수되지 못한 음식물 찌꺼기가 항문을 통해 몸 밖으로 나오는 과정이므로 '배설' 된다고 하지 않고

과학자의 비밀노트

우리 몸의 노폐물의 종류와 처리 방법

노폐물은 물질대사 결과 생기는 산물 가운데 생물체에 필요 없거나 유해한 물질로, 물, 이산화탄소, 암모니아, 요소와 같은 질소 화합물 등이 이에 속한다. 이들은 대부분 세포에서 호흡에 의해 영양소가 분해될 때 만들어지는 것으로, 혈액에 의해 세포로부터 조직액 속으로 운반되어 오줌이나 땀의 형태로 배설된다. 이때 탄수화물과 지방이 분해되면 물과 이산화탄소가 생기며, 단백질이 분해되면 물과 이산화탄소 및 암모니아가 만들어진다.

물은 몸에서 다시 사용되기도 하지만 여분의 물은 대부분 오줌과 땀으로 내보내며, 일부는 수증기의 형태로 숨을 내쉴 때 폐를 통해 나가기도 한다. 또한 이산화탄소는 대부분 폐에서 호흡을 통해 몸 밖으로 나간다. 단백질이 분해될 때 생성되는 암모니아는 독성이 강하기 때문에 간에서 독성이 약한 요소로 바뀐 다음, 혈액을 통해 신장으로 가고 신장에서 걸러진 후 오줌으로 나간다.

'배출'된다고 한답니다. 따라서 오줌만 노폐물이라는 것을 반드시 기억하세요.

이번 시간에는 배설 기관의 종류와 하는 일에 대해서 알아보기로 해요.

오줌이 만들어지는 신장

신장은 강낭콩 모양으로 생겨서 이런 이름이 붙었어요. 콩팥이라고도 하지요. 신장은 짙은 빨간색을 띠며 겉은 매끈하고 크기는 자신의 주먹보다 약간 큰 정도랍니다. 횡격막 아래 등 쪽으로 좌우에 하나씩 있으며 무게는 남자가 150g, 여자가 130g 정도입니다.

신장은 혈관과 주위 지방 조직에 느슨하게 붙어 있기 때문에 호흡할 때 같이 움직여요. 갑자기 급하게 뛰었을 때 옆구리가 아팠던 적이 있지요? 이때 여러 가지 원인 중 하나가 달릴 때 신장이 함께 움직이기 때문입니다.

신장에서 방광으로 오줌을 보내는 가늘고 긴 관을 수뇨관이라고 하는데, 성인 수뇨관의 평균 길이는 25~30cm이며 지름은 0.5~1cm입니다. 이렇게 콩팥에서 만들어진 오줌은 수뇨관을 거쳐 방광에 모였다가 요도를 통해 몸 밖으로 빠져 나가지요. 하루 오줌의 양은 1.5L 정도로, 한 번에 200~300mL씩 하루에 3~5번 정도로 내보냅니다.

이렇게 신장은 우리 몸의 노폐물을 만들어 주고, 체액의 농도를 일정하게 유지해 주는 일을 합니다. 우리 몸의 60%는 물로 이루어져 있는데 물과 염분의 비율이 항상 일정하게 유지되어야만 하죠. 그래서 물을 많이 마시면 체액의 농도가 낮아져 오줌의 양이 많아지고, 짜게 먹으면 체액의 농도를 높이기 위해 오줌의 양이 줄어든답니다.

한국의 조상들은 어린아이가 자다가 이불에 오줌을 싸면 머리에 키를 씌워 이웃집에 소금을 받으러 다니게 했는데, 여기에는 과학적인 근거가 있습니다. 바로 소금을 먹으면 체액의 농도가 높아져서 오줌의 양이 줄어든다는 사실이지요.

이 밖에도 신장은 혈액 중의 산성 물질과 알칼리성 물질을 소변으로 내보내 우리 몸을 약알칼리성으로 유지해 주는 일을 합니다. 또 혈압을 조절하는 효소와 피를 만들어 주는 호르몬도 만들어 내고, 비타민 D를 만드는 일도 하는 만능 재주꾼이죠.

신장의 안쪽을 들여다볼까요? 신장의 겉 부분은 피질, 그 안쪽을 수질, 가운데 빈 공간은 신우라고 부릅니다. 폐의 기본 단위가 폐포인 것처럼 신장은 네프론이라는 기본 단위로 이루어져 있습니다. 하나의 신장에는 100만~150만 개 정도의 네프론이 들어 있는데, 신장으로 들어간 혈액은 각각의 네프론으로 들어가 노폐물을 걸러 내고 깨끗한 혈액이 되어서 다시 나오게 됩니다. 잘 모르겠다고요? 그렇다면 이 장치를 봐 주세요.

> 베살리우스는 책상 위에 흙탕물과 거름종이를 끼운 깔때기, 비커를 준비하고 깔때기에 흙탕물을 부었다. 흙탕물은 흙과 모래가 걸러져 처음보다는 맑은 물이 비커 안으로 떨어졌다.

네프론은 깔때기의 거름종이와 같은 역할을 합니다. 혈액 속을 걸러 노폐물만 모아 주는 일을 하는 거죠. 네프론은 사구체, 보먼주머니, 세뇨관으로 이루어져 있어요. 신장의 바깥 부분에는 사구체가 들어 있는데, 가느다란 모세 혈관이 실타래처럼 얽혀 있는 모양입니다. 사구체는 보먼주머니로 둘러싸여 있고, 이것은 세뇨관과 연결되어 있지요. 세뇨관과 방광, 신장을 연결하는 수뇨관은 다른 것이니 헷갈리지 마세요. 세뇨관은 이름처럼 가는 관으로 신장의 피질에서 안쪽에 있는 수질까지 이어져 있습니다.

200~300만 개의 네프론 중 항상 움직이고 있는 것은 전체의 10% 정도밖에 되지 않아요. 교대로 일을 하지요. 그래서 신장에 문제가 생길 경우 한쪽 신장을 떼어 내도 살아가는 데 큰 지장이 없답니다.

신장으로 들어오는 혈액은 하루에 1.5톤이나 되며, 몸 전체의 혈액은 5분에 한 번꼴로 신장에 들어왔다 나갑니다. 이 짧은 시간 동안 신장은 혈액을 깨끗하게 하는 작업에 들어갑니다. 신장으로 들어온 모세 혈관 속 혈액에는 물, 노폐물, 영

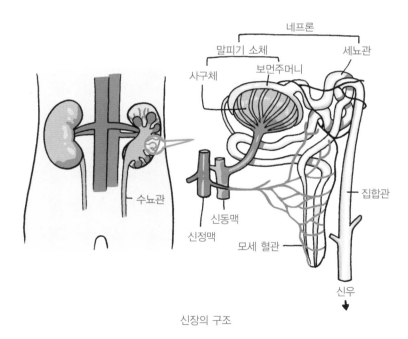

신장의 구조

양소 등 다양한 물질이 들어 있습니다. 이러한 혈액이 사구체를 지나는 동안 보먼주머니로 혈액의 여과가 일어나게 되지요.

거름종이의 구멍보다 큰 흙과 모래는 걸러지지 않듯이, 보먼주머니를 통과할 수 있는 물질은 물, 아미노산, 포도당, 요소 같은 작은 물질이며 혈구나 단백질처럼 큰 물질은 걸러지지 않고 혈액 속에 그대로 남아 있게 됩니다. 이렇게 사구체에서 보먼주머니로 걸러진 액체를 원뇨라고 해요. 문제는 걸러진 물질 중에 포도당이나 아미노산, 무기염류와 같이 우리 몸에 필요한 물질도 들어 있다는 것입니다.

그래서 걸러진 여과액은 다시 한 번 비슷한 과정을 거쳐야 해요. 보먼주머니에서 세뇨관으로 흘러가는 동안 꼭 필요한 물질들은 세뇨관을 둘러싸는 모세 혈관으로 흡수되는데 이러한 과정을 재흡수라고 합니다. 반대로 요소처럼 우리 몸에 불필요한 물질이 아직 모세 혈관에 남아 있으면 세뇨관으로 다시 분비되지요. 이와 같이 여과, 재흡수, 분비 과정을 거치면서 오줌이 만들어지는 것입니다.

처음 만들어지는 원뇨는 하루에 150~200L이지만 재흡수와 분비 과정을 거치면서 1.5~2L로 줄어듭니다. 원뇨의 99%가 다시 우리 몸속으로 흡수되는 셈이죠. 이렇게 세뇨관

을 지난 오줌은 신장 안쪽의 집합관과 신우를 거쳐 수뇨관을
타고 방광으로 이동합니다. 물이 한 방울씩 똑똑 떨어지는
것처럼요.

오줌 저장소 방광

방광은 오줌을 저장하는 곳으로 잘 늘어나는 성질이 있는
근육 주머니입니다. 텅 비어 있을 때는 방광벽의 두께가
1cm 정도이지만, 오줌이 가득 차면 3mm 정도로 얇아지면
서 크게 늘어납니다. 그래서 한국의 조상들은 돼지 방광에

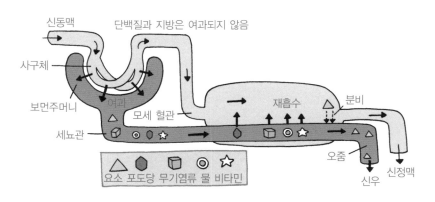

오줌이 만들어지는 과정

공기를 불어 넣어 공을 만들어 놀기도 했었죠. 성인 방광은 약 400mL, 즉 200mL 우유 2개 정도가 들어갈 수 있는 크기입니다. 비어 있을 때는 골반 안에 있지만 가득 차면 골반 위로 올라오기 때문에 아랫배에서 손으로 만져집니다. 방광에 오줌이 250mL 정도 차면 오줌을 누고 싶다는 느낌이 들고, 최대 600mL까지 저장할 수 있습니다. 하지만 오줌이 마려운 것을 계속 참다 보면 방광염이 생길 수 있으므로, 너무 참는 것은 좋지 않아요.

방광의 끝 부분에는 조였다 풀렸다 하는 근육이 있습니다. 오줌을 누는 것에 관여하는 기관은 대뇌로 방광 끝의 근육을 조이고 풂으로써 조절합니다. 방광에 오줌이 어느 정도 차면 대뇌에 오줌이 마렵다는 신호를 보내지요. 그럼 대뇌는 '빨리 오줌을 누어'라고 방광에 명령을 내리게 되고, 방광 끝의 근육이 풀리면서 오줌은 요도를 통해 밖으로 나오게 됩니다. 오줌을 누는 것은 어느 정도 스스로 조절할 수 있습니다. 그래서 어른들은 아무리 오줌이 마려워도 참을 수 있지요. 하지만 어린아이의 경우, 대뇌가 아직 발달하지 않았기 때문에 오줌을 잘 가리지 못합니다. 그래서 어린아이들이 기저귀를 차고 생활하는 것이죠. 그래도 3세 정도면 훈련을 통해서 어느 정도 가릴 수 있게 된답니다.

과학자의 비밀노트

방광염

급성 방광염은 비뇨 계통의 해부학적, 기능적 이상 없이 세균이 침입하여 발생한 감염으로 인해 염증이 방광 내에 국한되어 나타나고, 다른 장기에는 염증이 없는 질환이다. 만성 방광염은 통상적으로 1년에 3회 이상 방광염이 발생하는 경우를 말하며, 지속적인 또는 완치되지 않은 방광염을 의미한다.

급성 방광염의 증상은 빈뇨(하루 8회 이상 소변을 보는 증상), 요절박(강하고 갑작스런 요의를 느끼면서 소변이 마려우면 참을 수 없는 증상), 배뇨 시 통증, 배뇨 후에도 덜 본 것 같은 느낌 등과 같은 방광 자극 증상이 나타난다. 허리 아래 통증 및 혼탁뇨(소변에 피가 섞여 나오거나 악취가 남)가 동반되기도 한다. 만성 방광염은 대개 급성 방광염의 증상이 약하게 나타나거나 간헐적으로 발생한다.

급성 방광염은 대개 적절한 항생제를 통해 쉽게 치유되며, 별다른 후유증을 남기지 않는다.

오줌으로 알아보는 건강 상태

병원에서 건강 검진을 할 때 빠지지 않는 항목이 소변 검사입니다. 조그만 컵을 주면서 오줌을 받아 오라고 할 때는 정말 난감하지만, 오줌은 우리 몸의 건강을 알아볼 수 있는 중요한 물질이랍니다. 계절이나 마신 물의 양 등에 따라 차이가 있긴 하지만 하루에 오줌을 누는 횟수는 보통 4~5회 정도이고, 10회를 넘기거나 1~2회에 그치면 몸에 이상이 있다는 신호일 수 있습니다.

오줌 성분의 95%는 물이고, 나머지는 여러 가지 노폐물들로 구성됩니다. 오줌의 색깔은 무색에서 황갈색에 이르기까지 다양합니다. 물을 많이 마신 날은 색깔이 흐리지만, 수분 섭취가 부족하거나 땀을 많이 흘린 후에는 좀 더 짙은 색을 띱니다. 그러나 특별한 이유 없이 오줌의 색깔이 변하면 건강에 이상이 있을 수도 있어요. 오줌의 색이 아주 진한 황갈색을 띠면 황달을 의심할 수 있는데, 황달은 쓸개즙에 문제가 있어 쓸개즙의 성분인 빌리루빈이 혈액에 많아지는 병이에요. 황달에 걸리면 피부와 눈이 누렇게 되며 피곤하고 입맛이 없어 몸이 마릅니다.

또한 오줌에 피가 섞여 나오면 신장이나 요도에 이상이 생긴 것일 수 있습니다. 우리 몸 안의 어느 부분에서 출혈이 있다는 뜻이니까요. 또 오줌에서 톡 쏘는 암모니아 냄새가 나면 세균 감염일 가능성이 높습니다. 우리가 더럽게 생각하는 오줌은 의외로 깨끗해서 몸 밖으로 나오기 전까지는 무균 상태거든요. 또 혈당이 높아 오줌에 포도당이 섞여 나오는 당뇨병에 걸리면 오줌의 양이 많아지고, 오줌 속의 당이 발효되어 거품이 일거나 단내가 납니다. 당뇨병은 '단맛이 나는 오줌을 누는 병'이라고 해서, 옛날 의사들은 오줌에 개미 같은 곤충이 몰려드는 것을 보고 당뇨병의 발병을 알 수 있었답니다.

오줌을 잘 누지 못하고 몸이 붓는 병을 신부전증이라고 하는데, 이는 신장에 이상이 생겨 혈액에서 오줌을 거르지 못하는 경우입니다. 깔때기로 걸러 내는 것에 비유하면 거름종이에 문제가 생겨 혈액을 걸러 내는 속도가 느려지고 찌꺼기 물질이 계속 혈액 속에 남아 있는 것과 같지요. 이렇게 되면 오줌량이 줄어들고, 오줌으로 배출되지 못한 물이 쌓여서 몸이 붓습니다. 또 독성 물질을 걸러 내지 못하므로 여러 가지

나쁜 증상들이 나타나지요.

또 하나의 문제는 단백뇨입니다. 단백질은 크기가 커서 걸러지는 물질이지만, 콩팥이 손상되면 걸러져서는 안 되는 단백질이 오줌으로 빠져나올 수 있습니다. 거름종이에 군데군데 구멍이 뚫려서 빠져나와서는 안 되는 큰 단백질이 걸러지는 것이지요. 오줌이 뿌옇거나 거품이 많은 경우에는 단백질이 섞여 나오는 단백뇨일 가능성이 있습니다.

병이 없는 사람이라 하더라도 오줌에는 여러 물질이 섞여 있습니다. 콩팥에서 걸러진 후 완전히 재흡수되지 않은 물질들은 모두 오줌에 섞여 나옵니다. 마약이나 환각 물질의 복용 여부를 오줌으로 검사하는 것도 오줌 속에 이런 물질이 섞여 있기 때문입니다. 이러한 이유로 운동선수가 금지된 약물을 복용했는지 여부를 알아보는 도핑 테스트에 오줌이 이용되고, 오줌 속의 호르몬을 검사하여 임신 여부를 확인할 수도 있습니다.

또 하나의 배설 기관인 피부

피부는 우리 몸을 덮고 있으며 몸무게의 7%를 차지합니다.

무게는 약 4kg, 면적은 17.5m² 정도이지요. 피부는 우리 몸을 외부의 위험으로부터 보호해 주는 역할을 합니다. 세균이나 먼지 등을 막고, 자외선도 막아 주지요.

피부는 크게 표피와 진피 및 피하 지방으로 구성되어 있는데 표피는 맨 바깥에 있는 층으로 죽은 세포로 이루어진 각질층이 있습니다. 이 각질층은 우리 몸을 보호하고 물이 밖으로 빠져나가지 않게 해 줍니다. 우리가 때를 밀면 이 각질층이 밀리기 때문에 너무 박박 밀면 피부 건강에 좋지 않아요. 피부 표면을 돋보기로 자세히 들여다보면 울퉁불퉁하고, 수많은 구멍이 나 있는 것을 볼 수 있습니다. 이때 털이 나 있는 것은 털구멍, 털이 없는 것은 땀구멍으로 땀이 나오는 통로랍니다.

진피에는 감각을 느끼는 신경, 땀을 분비하는 땀샘, 기름 성분을 분비하는 피지샘, 털이 자라는 모낭뿐만 아니라 혈관이 있어서 수축, 확장하며 체온 조절을 합니다. 땀샘 주위는 모세 혈관이 감싸고 있어서 콩팥에서처럼 우리 몸의 물과 노폐물을 땀샘으로 내보내는 일을 합니다.

우리 몸에는 땀샘이 200~400만 개나 있는데 특히 겨드랑이, 손바닥, 발바닥, 이마 등에 많아요. 한여름에 겨드랑이가 푹 젖을 정도로 땀이 나거나, 뜨거운 것을 먹을 때 이마에 땀이 흘러내리는 이유는 이 때문입니다. 흐르는 땀이 귀찮아 땀이 나지 않았으면 하는 사람이 있을지도 모르겠어요. 하지만 땀샘이 없으면 큰일 난답니다. 예전에 화상을 입어 땀샘이 없는 사람이 텔레비전에 나온 적이 있었는데, 체온 조절이 되지 않다 보니 몸에 열이 많이 나서 하루에도 수십 번씩 찬물로 씻어야만 하더군요. 평생 그렇게 살아가야 한다면 얼마나 불편하겠어요? 또 땀으로 내보내는 노폐물은 하루에 0.7L 정도로 상당히 많다고 할 수 있어요.

여름철 사람들이 가득 찬 버스나 지하철 안에서 땀 냄새 때문에 괴로워한 적이 있을 거예요. 이렇게 고약한 냄새가 나는 이유는 무엇일까요?

우리 몸의 땀샘에는 2가지 종류가 있어요. 에크린샘과 아

아포크린샘의 세균

포크린샘이지요. 에크린샘은 온몸에 있는 땀샘으로, 운동할 때 나는 땀이 만들어지는 곳입니다. 여기서 나는 땀은 냄새가 나지 않아요. 그런데 아포크린샘에서 나오는 땀에는 지방과 단백질이 들어 있어요. 피부에 살고 있는 세균들이 이런 양분을 분해하여 고약한 냄새가 나게 하는 것이랍니다. 아포크린샘은 겨드랑이와 사타구니 쪽에 많이 있고, 사춘기 이후에 잘 발달하지요.

피부의 부속 기관으로는 손톱, 발톱, 털 등이 있습니다. 손톱과 발톱은 손톱 뿌리와 발톱 뿌리에서 끊임없이 만들어져 올라와 손과 발끝을 보호해 주지요.

분리 수거장

여기가 쓰레기가 모이는 곳이구나.

우리 몸에도 이런 역할을 하는 곳이 있어요. 신장은 혈액 속의 노폐물을 걸러 오줌을 만들고, 방광은 쓰레기장같이 오줌을 모으는 장소이지요.

그런데 오줌은 단지 우리 몸의 노폐물이지 않나요? 왜 건강 검진을 할 때, 꼭 소변 검사를 하는 거죠?

소변은 우리 몸의 건강을 알아볼 수 있는 중요한 물질이기 때문이죠.

꼭 병원을 가지 않고도 알 수 있는 방법은 없나요?

특별한 이유 없이 색이 달라진 경우, 오줌에 피가 섞여 나오는 경우, 톡 쏘는 암모니아 냄새 또는 단내가 나는 경우 등 우리 몸에 대해 조금만 관심을 가지면 알 수 있는 증상이 있답니다.

그런데 땀을 많이 흘렸더니 목말라요.

하하, 피부로도 물과 노폐물을 배설했으니 목이 마를 수도 있겠네요.

근데 이건 무슨 냄새지?

그럼 음료수 사 주세요, 선생님~.

헉!

꼬랑

땀샘에는 에크린샘과 아포크린샘이 있어요.

아포크린샘에서 나오는 땀에는 지방과 단백질이 들어 있는데, 피부에 살고 있는 세균들이 이런 양분을 분해하여 고약한 냄새가 나는 거랍니다.

꼬랑 꼬랑

하하, 이것도 다 자연 현상이야.

흠흠

쟤는 불리면 다 자연 현상이래.

하하하.

7

감각 기관

자극을 받아들여 반응을 보이는
감각 기관의 종류와 하는 일에 대해 알아봅시다.

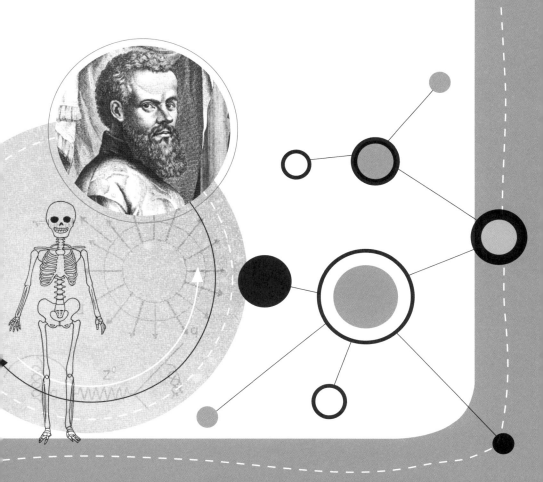

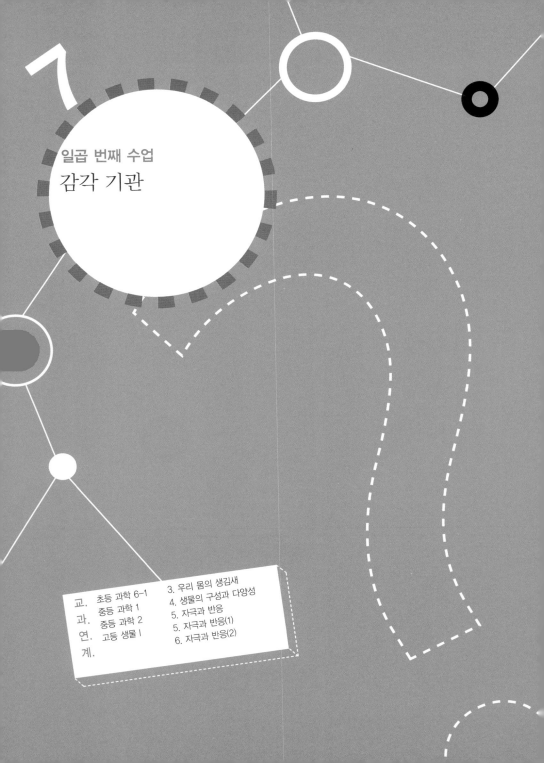

일곱 번째 수업

감각 기관

베살리우스는 헬렌 켈러의 이야기를 들려주며 일곱 번째 수업을 시작했다.

헬렌 켈러는 어렸을 때 병을 앓아 시각과 청각을 잃었습니다. 그녀에게 세상은 들리지도, 보이지도 않는 암흑이었지요.

만일 눈이 보이지 않거나, 귀가 들리지 않는다면 얼마나 불편하겠어요? 우리는 모든 감각을 자유롭게 느낄 수 있는 건강한 신체를 타고났다는 것에 감사해야 할 것입니다.

이렇게 우리 몸은 시각, 청각, 후각, 미각, 촉각 등 다양한 감각을 느낄 수 있는 감각 기관을 가지고 있습니다. 따라서 자극은 온몸에 그물처럼 퍼진 신경계를 통해 전달되고, 적절한 반응을 나타낼 수 있답니다. 이번 시간에는 우리 몸의 감각 기관의 종류와 하는 일에 대해 알아보도록 해요.

외부의 자극을 느끼는 감각 기관

눈

눈은 빛을 받아들여 세상을 볼 수 있게 해 주는 중요한 감각 기관입니다. 이렇게 중요한 눈을 보호해 주는 것은 눈꺼풀과 눈물입니다.

우리는 무의식적으로 눈을 깜박이는데, 이것은 우리 몸이 스스로를 보호하기 위한 장치입니다.

눈꺼풀 안에는 결막이라는 얇은 막이 있는데 여기서 점액이 분비됩니다. 우리가 눈을 깜박거리면 눈꺼풀이 쉴 새 없이 여닫히기 때문에 눈에는 눈물과 점액이 고루 묻게 되고, 이 물기로 먼지나 세균 같은 물질을 걸러 낼 수 있는 것이지요. 이러한 점액과 먼지 등이 말라서 딱딱해진 것이 눈곱입니다. 그뿐만 아니라 눈은 늘 촉촉하게 젖어 있어야 눈동자를 여러 방향으로 움직일 수 있는데, 눈물의 양을 조절하고 눈물이 바깥으로 흐르지 않도록 하는 것 또한 눈꺼풀의 역할입니다.

눈물의 가장 중요한 역할은 눈을 보호하는 것으로 눈물 덕분에 먼지가 눈에 달라붙지 않고 병균의 침입도 막을 수 있는 것이지요. 또 눈물은 감정의 흥분 상태와도 연관되어 있어 기쁘거나 슬플 때 눈물이 나기도 하는데, 눈과 코는 연결되어 있어 울면 콧물도 함께 나옵니다.

사람의 눈은 어떻게 생겼을까요? 사람의 눈은 탁구공 정도의 크기로 양쪽에 2개가 있어 방향과 거리를 입체적으로 알 수 있습니다. 눈의 앞부분은 두께가 0.5mm 정도인 얇고 투명한 각막으로 덮여 있어요. 요즘에는 눈을 예쁘고 크게 보이기 위해 컬러 서클 렌즈를 끼는 경우가 많은데, 각막에 손상을 주어 눈이 보이지 않을 수도 있기 때문에 주의해야 합니다. 또 렌즈가 각막에 필요한 산소 공급을 막아 눈에 핏발이 서기도 하지요.

눈으로 빛이 들어가는 곳은 동공입니다. 동공 주위에 있는 갈색 부분은 홍채라고 하는데 멜라닌 색소가 있어서 푸른색, 초록색, 갈색, 검은색 등 다양한 색을 띱니다. 홍채는 카메라의 조리개와 마찬가지로 동공의 크기를 조절하는 일을 합니다. 밝은 곳에서는 동공이 줄어들고, 어두운 곳에서는 동공이 커지지요. 동공의 크기는 우리가 의도적으로 바꿀 수 있는 것이 아니기 때문에 동공의 크기 변화로 심리 상태를 알

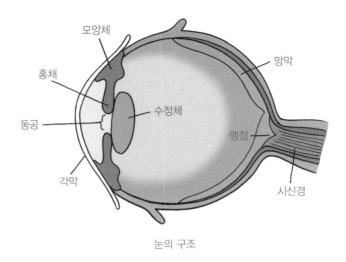

눈의 구조

수도 있습니다. 거짓말을 하거나 흥분하는 경우, 또는 두려울 때 동공이 커지게 되지요. 혹은 좋아하는 사람을 만나게 되어도 눈동자가 커진답니다.

모양체는 물체의 거리에 따라 수정체의 두께를 조절해서 상이 잘 맺히도록 도와줍니다. 동공을 통해 들어온 빛은 수정체를 지날 때 굴절되어 안쪽 망막에 상이 맺히지요. 망막에는 시세포가 있어서 빛을 감지하고 이 자극이 시신경을 통해서 대뇌로 전달되어 물체의 모양과 색깔을 느끼게 됩니다.

수정체와 망막 사이의 거리가 너무 길거나 짧으면, 망막에 상이 뚜렷하게 맺히지 못하는 근시나 원시가 생깁니다. 이때 근시는 오목 렌즈, 원시는 볼록 렌즈로 교정할 수 있어요.

귀

귀는 외이(바깥귀), 중이(가운데귀), 내이(속귀)의 세 부분으로 구분됩니다. 외이의 귓바퀴에서 모인 음파가 외이도를 통과하여 외이와 중이의 경계를 이루고 있는 고막을 진동시킵니다. 고막은 지름 9mm, 두께 0.1mm의 진주색을 띤 탄력 있는 얇은 막입니다. 진동은 고막에 붙어 있는 청소골을 거쳐 더 커진 다음 내이로 전달됩니다. 내이로 전달된 진동은 달팽이관 속에 들어 있는 청세포를 자극합니다. 그리고 청세포의 소리 자극이 청신경을 통해 대뇌로 전달되어 소리로 들리게 되는 것이지요.

그런데 청각은 소음에 민감해요. 갑자기 너무 큰 소리를 듣게 되면 고막이 찢어질 수도 있고, 오랫동안 듣게 되면 점점 귀가 나빠진답니다. 요즘 청소년들은 옆 사람에게 다 들릴 정도로 이어폰으로 mp3를 크게 듣는 경우가 있지요. 이런 행동은 주변 사람에게 피해를 주기도 하지만, 정작 본인에게 가장 큰 피해이니 음악은 작은 소리로 듣고 이어폰은 자주 사용하지 않는 것이 좋습니다.

또 청각은 다른 감각과 마찬가지로 나이가 들면서 점점 떨어져요. 할아버지, 할머니와 이야기하기 위해서는 크게 소리를 질러야 대화가 되는 경우가 많지요? 이런 현상은 나이가 들수록 소리를 듣는 청세포가 없어지기 때문이랍니다. 또 나이가 들면 귀를 찌릿하게 하는 높은 소리는 잘 들리지 않고 낮은 소리만 들려요.

몇 년 전 청소년에게만 들린다는 휴대 전화 벨소리도 이런 특징을 이용해 높은 소리를 녹음하여 만든 것이지요. 여러분은 이 벨소리를 들어본 적이 있나요? 슬프게도 나는 나이가 들어서 이 벨소리가 들리지 않았답니다.

혹시 내가 듣는 목소리와 남이 듣는 나의 목소리가 다르게 들린다는 사실을 알고 있나요? 자신의 목소리를 직접 듣는 경우에는 귀로 들어온 음파에 의한 고막의 진동과, 말을 할 때 울리는 두개골의 진동을 동시에 듣게 되지요. 이와 달리 녹음된 목소리를 듣는 경우에는 두개골의 진동 없이 단지 귀로 들어오는 음파에 의한 고막의 진동만을 듣게 됩니다. 그렇다면 진짜 내 목소리를 듣고 싶다면 어떻게 하면 될까요? 내 목소리를 녹음하여 들어보면 됩니다. 아마 낯선 목소리가 흘러나온다는 것을 알게 될 거예요. 실제로 한 연구에서 유치원생들에게 녹음된 자신의 목소리를 들려준 결과, 방금 전에 자기가 얘기한 내용인데도 자신의 목소리인 줄 전혀 몰랐다고 해요.

유스타키오관은 목구멍과 연결되어 있는데 중이와 외이의

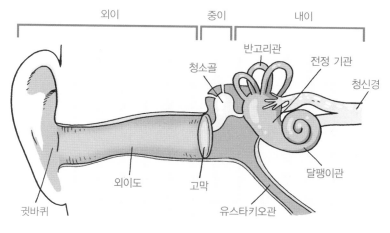

외이　　중이　　내이

반고리관

전정 기관

청소골

청신경

외이도

고막

달팽이관

귓바퀴

유스타키오관

귀의 구조

압력을 같게 조절하여 고막을 보호하고, 소리를 잘 들리게
해 줍니다. 몸 안팎의 기압이 같을 때에는 고막을 미는 안팎
의 힘이 똑같기 때문에 아무런 문제가 없습니다. 그런데 비
행기가 이륙하여 하늘로 올라가면 하늘 위의 기압이 낮기 때
문에 몸 밖의 기압이 무척 빠르게 떨어집니다. 그렇게 되면
몸 안에서 고막으로 미는 기압의 힘이 바깥에서 미는 힘보다
커지고, 고막이 갑자기 바깥쪽으로 늘어나지요. 비행기가 착
륙할 때에는 그 반대입니다. 이렇게 귀가 먹먹해지는 묘한
기분은 높은 산에 오를 때에도 똑같이 느낄 수 있습니다. 이
때는 껌을 씹거나 하품을 하면 먹먹해진 귀를 뚫리게 할 수

있지요.

귀의 여러 부분 중 소리를 듣는 것과 관계없는 것도 있습니다. 회전 감각과 평형 감각을 느끼는 반고리관과 전정 기관입니다. 피겨 스케이팅 선수인 김연아의 우아한 연기를 보면 공중에서 몇 바퀴를 돌거나 같은 자리에서 계속 회전하는 동작을 볼 수 있습니다. 보통 사람들보다 훨씬 뛰어난 평형 감각과 회전 감각을 갖고 있기 때문에 가능한 것이에요. 일반 사람들도 김연아 선수만큼은 아니지만 눈을 감고 있어도 엘리베이터가 움직이는 것을 느낄 수 있고, 자동차가 오르막길을 가는지, 내리막길을 가는지 알 수 있어요. 이렇게 전정 기관과 반고리관에서는 몸의 기울어진 상태라든지 움직이는 현상을 감지해 몸의 평형을 유지하도록 합니다.

나는 흔들리는 자동차 안에서 책을 읽지 못한답니다. 멀미가 나거든요. 이것은 전정 기관과 반고리관에서 몸이 움직이고 있다는 자극 신호를 보내는데, 신문을 보고 있는 눈은 움직이지 않고 있다는 자극 신호를 보내 뇌가 서로 상반된 정보를 받고 우리 몸이 혼동함으로써 일어나는 현상입니다. 따라서 자동차나 버스 안에서는 창밖의 풍경을 바라보는 것이 멀미를 예방하는 데 도움이 됩니다. 또 귀밑에 붙이는 멀미약은 전정 기관을 약하게 마비시켜 멀미를 예방할 수 있도록 도와주지요. 그래서 다른 곳이 아닌 꼭 이 부분에 붙여야 효과가 좋답니다. 참고로 붙이는 멀미약의 성분은 눈동자를 풀리게 하는 부작용이 있어요. 그래서 멀미약을 붙인 손으로는 눈을 비비면 안 된답니다.

코

앞에서 코는 들이마신 공기를 깨끗하게 해 주고, 습도를 높여서 폐에 전달해 주는 일을 한다고 했어요. 그런데 코는 호흡 기관일 뿐만 아니라 기체 상태인 물질의 냄새를 느끼는 감각 기관이기도 해요.

사람의 후각은 곤충이나 동물에 비해서는 떨어지지만, 수많은 냄새를 구별할 수 있는 능력이 있답니다. 원시생활을 하던 선조들은 동물만큼이나 후각이 발달했는데, 문화생활을 하면서 자주 사용하지 않다 보니 퇴화된 것이라고 해요.

콧속에는 후세포가 있어 냄새를 맡을 수 있어요. 냄새가 나는 기체 물질이 콧속의 점액에 녹아 후세포를 흥분시키면 후신경을 통해 대뇌로 전달되어 냄새를 느낄 수 있죠. 사람에 따라 냄새에 대한 민감도가 다르기 때문에 뛰어난 후각을 가진 사람은 향수의 향을 구별하고 만드는 조향사, 와인을 감별하는 소믈리에 등이 되는 데 유리하답니다.

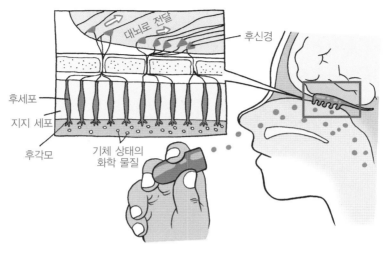

후신경

후세포

지지 세포

후각모

기체 상태의
화학 물질

대뇌로 전달

코의 구조

후각은 다른 감각에 비해 예민하여 쉽게 피로해져요. 예를
들어 재래식 화장실에 들어가면 코를 찌르는 악취가 나서 괴
롭지만, 1분 정도 지나면 더 이상 냄새가 느껴지지 않는 까닭
은 후세포가 마비되기 때문이랍니다.

나이에 따른 후각 기능의 변화는 사람에 따라 다르지만 20대
에서 70대까지 20년에 약 $\frac{1}{2}$씩 감소합니다. 후각 능력은 50,
60대가 되면 급격히 감소하여 65세가 넘으면 50% 이상 냄새
를 맡는 민감도가 떨어집니다.

또 코는 목소리와도 관계가 있습니다. 말할 때 공기를 입으

로 내보내는 경우와 코로 내보내는 경우가 있는데, 이런 차이로 사람마다 목소리가 달라지는 것입니다. 코에서 공기를 내보내는 소리를 비음, 즉 콧소리라고 하지요.

혀

혀는 음식을 받아들여 액체 상태 물질의 맛을 느낄 수 있습니다. 혀의 표면에는 꽃봉오리 모양으로 생긴 유두가 있고, 이 안에 미세포가 있어 맛을 느끼게 됩니다. 맛을 내는 물질이 물이나 침에 녹아 미세포를 흥분시키면, 이 흥분이 미신경을 통해 대뇌에 전달되어 맛을 느낄 수 있는 것이지요.

음식의 맛은 혀에 의한 미각과 코에 의한 후각이 함께 작용하는 것으로, 코를 막을 경우 양파와 사과의 맛을 구별하지 못합니다. 또 감기에 걸려 후각 기능이 약해지면 맛을 찾아내는 능력 또한 떨어져 음식의 맛을 제대로 느끼지 못하지요. 또 후각 이외에 시각, 온도 감각의 영향도 많이 받아요. 예를 들어 된장찌개 같은 음식은 뜨거울 때는 짠맛을 잘 느끼지 못하다가, 식으면 느낄 수 있게 됩니다.

혀는 단맛, 쓴맛, 짠맛, 신맛의 4가지로 분류하는데, 최근에는 감칠맛도 맛의 종류로 인정하고 있습니다.

그런데 매운맛은 미각이 아니라 통점에 의해 느끼는 통증이랍니다. 아주 매운 음식을 먹을 경우 입안의 혀와 피부가 얼얼해지고 뜨거워지다가 얼굴에서 땀이 비 오듯 흘러내립니다. 이것은 혀의 통각 세포가 뇌에 통증 정보를 보내기 때문입니다. 통증이 강해지면 입안의 혈관이 커져서 많은 혈액이 밀려오기 때문에 뜨겁다고 느끼게 됩니다. 혀뿐만 아니라 피부에서도 같은 일이 일어나지요. 예를 들어 고추나 마늘 같은 것을 짓이겨 피부에 묻히면 그 부분이 뜨거워지고 심하면 부풀어 오르기도 합니다. 또한 매운맛을 일으키는 고추의 캡사이신 성분은 물에 녹지 않기 때문에 매운 음식을 먹을 때 물을 마신다고 해서 매운맛이 가시지는 않습니다. 대신 알코올이나 지방에 잘 녹으므로 고기를 오래 씹거나 참기름을 바른 김, 우유 등을 입안에 머금는 것이 매운 통증을 없애 주는 좋은 방법입니다.

한편 미각도 나이가 들면 기능이 떨어져 남자는 40대 초반부터, 여자는 50대부터 혀의 미세포가 줄어듭니다. 짠맛을 느끼는 감각이 먼저 떨어지기 때문에 나이가 들수록 더 짜고 강한 음식을 찾게 되지요.

참고로 혀의 상태로 건강을 알아볼 수도 있어요. 혀의 점막에는 설선이라고 하는 작은 샘이 있는데, 이곳에서 분비되는 액체가 혀의 표면을 끊임없이 적시고 있어 건강한 사람의 혀는 윤이 나며 촉촉합니다. 그러나 과로와 스트레스가 쌓이거나 영양이 부족하면 혓바늘이 생깁니다. 혓바늘은 유두에 염증이 생긴 것으로 염증 부위가 노란색으로 변하고 매우 아픕니다. 이럴 때는 약을 바르고 비타민을 충분히 섭취하며 잘 쉬어야 빨리 회복할 수 있답니다.

피부

피부는 우리의 몸을 덮고 있어 외부의 자극으로부터 신체를 보호하고 체온을 조절하며 차가움을 느끼는 냉점, 따뜻함을 느끼는 온점, 누르는 힘을 느끼는 압점, 아픔을 느끼는 통점 등을 통해 감각을 받아들이는 감각 기관이기도 합니다. 피부의 감각점은 '통점 > 압점 > 촉점 > 냉점 > 온점' 순으로 많이 분포합니다.

만일 우리 몸에 통점이 없다면 어떻게 될까요? 칼에 베여도, 유리 조각에 찔려도 아픔을 느끼지 못한다면 우리 몸에 이상이 생긴 것을 알 수 없고, 피가 많이 나서 죽을 수도 있어요. 이렇게 우리 몸의 위기 상황을 재빨리 알아내기 위해 통점이 가장 많은 것이랍니다. 또 냉점이나 온점은 절대적인 온도를 느끼는 것이 아닙니다. 예를 들어 오른손을 뜨거운 물에, 왼손을 차가운 물에 담근 후 양손을 미지근한 물에 담

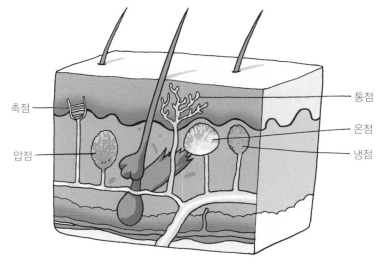

촉점

압점

통점

온점

냉점

피부 감각 기관의 구조

그러면 오른손은 차가움을 느끼고, 왼손은 뜨거움을 느끼게 되죠. 이렇게 냉점과 온점은 온도의 상대적인 변화를 느낄 수 있답니다. 또 지나치게 뜨거운 것은 통증으로 느끼게 돼요. 냉점과 온점은 16~40℃에서 잘 작용하고, 15℃ 이하나 40℃ 이상이면 통점이 작용하기 때문에 엄마, 아빠를 따라 뜨거운 온천물이나 목욕탕에 들어가면 뜨거움 대신 아픔을 느끼게 되는 것이랍니다.

8

신경과 호르몬

자극을 받아들이고 반응을 보이는 신경계와
여러 가지 작용을 조절하고 항상성을 유지하는 호르몬의
종류와 특징, 하는 일에 대해 알아봅시다.

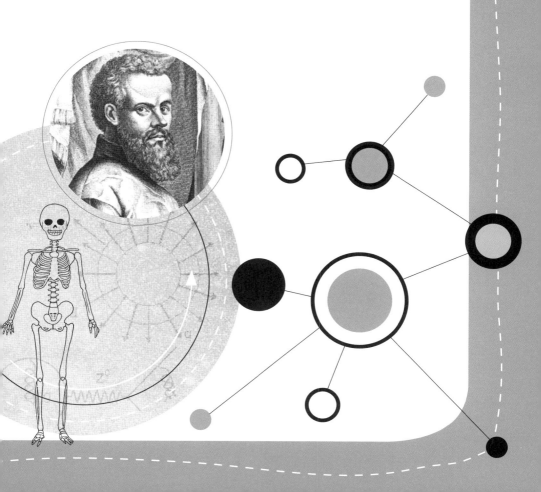

여덟 번째 수업

신경과 호르몬

베살리우스는 신경계 사진을
보여 주며 여덟 번째 수업을 시작했다.

우리 몸의 통신망인 신경

우리 몸의 곳곳에 도로망처럼 뻗어 있는 것은 혈관이라고
배웠어요. 그런데 신경 또한 우리 몸 전체에 퍼져 있답니다.
신경은 우리 몸의 한 부분에서 다른 부분으로 신호를 전달해
주는 역할을 합니다. 신경에서 자극이 전달되는 속도는 굉장
히 빨라서 초속 50m 이상, 최고 초속 120m의 속도로 전달
됩니다. 정말 뛰어난 연락꾼이라고 할 수 있지요.
사람의 신경계는 2가지로 나눌 수 있어요. 중추 신경과 말

초 신경이지요. 중추 신경은 뇌와 척수로 구분되는데 뇌는 머리뼈에 의해 보호되고, 척수는 척추에 의해 보호됩니다. 중추 신경에서 몸속 구석구석까지 뻗어 있는 말초 신경은 감각 기관에서 뇌와 척수로 감각 정보를 전달해 주는 감각 신경 (시신경, 청신경 등)과, 뇌와 척수에서 운동 기관(내장근, 골격근 등)으로 명령을 전달해 주는 운동 신경으로 구분됩니다. 즉 눈, 귀, 코, 혀, 피부 등의 감각 기관에서 받아들인 자극은 감각 신경을 통해 뇌와 척수 같은 중추 신경에 전달되고, 중추 에서 나오는 명령은 운동 신경을 통해 운동 기관(근육)으로 전달되어 반응을 일으킵니다. 흔히 '○○는 운동 신경이 발달했어' 라는 표현을 사용하는데, 이 말은 운동 신경이 굵거나 크다는 얘기가 아니라 척수와 뇌 사이의 연락 속도가 다른 사람들보다 빨라 운동을 더 잘할 수 있다는 의미랍니다.

운동장에서 날아오는 야구공을 보면 우리 몸에서는 어떤 일이 일어날까요? 먼저, 날아온 공을 본 눈에서는 시신경을 통해 대뇌로 정보를 보냅니다. 대뇌에서는 짧은 시간 동안 이 정보를 분석하고 명령을 내리지요. 결국 이 명령은 운동 신경을 통해 머리와 등 근육으로 전달되고 빠른 속도로 머리를 숙여 공을 피하는 반응이 일어나는 것입니다.

우리 몸의 기관 중 손이나 발 같은 곳은 우리 뜻대로 움직일 수 있습니다. 하지만 심장, 소화 기관, 허파, 콩팥 등은 마음대로 움직일 수가 없지요. 이들의 움직임은 우리의 생각과 관계없이 자율적으로 조절되는데, 이러한 말초 신경을 자율 신경이라고 합니다. 한마디로 뇌의 지배를 받지 않는다는 뜻이지요.

다시 자율 신경은 교감 신경과 부교감 신경의 2가지로 나뉘는데 이들이 하는 일은 서로 반대입니다.

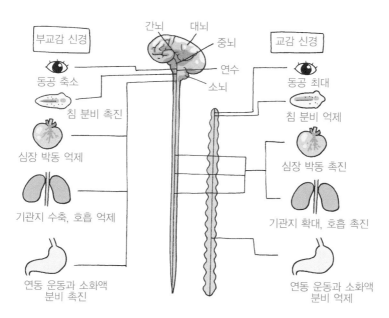

교감 신경과 부교감 신경의 작용

교감 신경은 우리 몸의 긴장과 흥분 상태를 유지하려고 하고, 부교감 신경은 안정 상태를 유지하려고 합니다. 일반적으로 교감 신경은 긴박하고 위험한 상황에 처했을 때 작용합니다.

　예를 들어 놀이 공원의 바이킹을 탔다고 해 봅시다. 타는 순간 긴장 때문에 심장은 빨리 뛰기 시작합니다. 우리 몸의 혈액 이동 속도가 빨라지므로 온몸에 있는 혈액이 심장 쪽으로 몰려가게 되지요. 그래서 긴장할 때는 소화도 잘되지 않는 거랍니다. 또 산소를 빨리 공급하기 위해 기관지가 넓어지고 허파가 공기를 더 많이 들이마시도록 합니다. 또한 혈액 속의 포도당이 많이 나와 온몸의 세포로 전달되지요. 바이킹을 탄다는 생각에 근육은 긴장되고, 근육 세포들은 빠른 속도로 에너지를 만들게 되며 더 잘 보기 위해 동공은 커집니다.

　바이킹을 타고 난 다음에는 어떻게 될까요? 시간이 지날수록 몸은 점점 안정을 찾아가고, 이때 부교감 신경이 작용합니다. 심장 박동을 늦추고, 위장 운동을 활발하게 하며 위액과 침샘을 자극하여 소화 활동을 활발하게 하고, 방광을 수축시켜 오줌을 쉽게 눌 수 있도록 합니다.

　우리 몸은 평소에는 부교감 신경의 작용으로 몸의 활동을 느리고 지속적으로 유지하는 기능을 하다가, 갑작스러운 위험이나 돌발적인 자극이 생기면 교감 신경이 작동하면서 안정을 지향하는 부교감 신경이 일시적으로 억제됩니다. 앞에서도 이야기했듯이 교감 신경과 부교감 신경은 우리 뜻대로 조절할 수 없기 때문에 범죄 수사 때 거짓말 탐지 조사에 사용합니다. 여러분이 부모님에게 성적이나 시험 등에 관한 거짓말을 한다면 심장이 떨리고, 땀이 나며 맥박이 빨라지는 등의 변화가 나타날 거예요. 이러한 변화는 모두 자율 신경이 관여하는 것이지요.

거짓말 탐지기로 용의자를 심문하는 모습

거짓말 탐지기는 자율 신경계의 작동 원리를 이용하여 범죄 수사를 도와주는 기계입니다. 거짓말 탐지기를 범죄 용의자에게 설치하고 질문하여 맥박, 호흡, 피부 전기 저항 등을 검사하는 것이지요. '밥은 먹었는가? 몇 살인가?'와 같은 평범한 질문 사이에 범죄와 관련된 질문을 갑자기 던져 용의자의 감정 변화를 알아봅니다. 깜짝 놀라거나 당황하는 등 감정의 변화가 생기면 교감 신경이 작용해, 호흡과 맥박이 빨라지고 피부는 땀을 분비해 전기 저항이 줄어들기 때문에 이러한 검사 결과가 재판 과정에서 중요한 증거로 사용됩니다.

　신경계의 기본 단위는 뉴런으로 신경계를 구성하는 기본 세포입니다. 이것은 감각 기관에서 느낀 자극을 전달하는 데

과학자의 비밀노트

뉴런의 구조와 종류

뉴런은 신경계를 구성하는 기본 단위로 신경 세포체와 신경 섬유(수상 돌기, 축삭 돌기)로 이루어진다. 뉴런의 종류에는 감각 뉴런, 운동 뉴런, 연합 뉴런이 있는데, 감각 신경은 감각 기관에서 받아들인 자극을 뇌와 척수에 전달하고, 운동 신경은 뇌와 척수의 명령을 근육과 같은 반응기에 전달하며, 연합 신경은 뇌와 척수를 구성하고 자극을 받아들여 판단하고 명령하는 일을 한다. 따라서 자극은 '자극 → 감각 기관 → 감각 신경 → 연합 신경 → 운동 신경 → 근육 → 반응'의 경로를 통해 전달된다.

알맞은 모양으로 생겼으며, 하는 일에 따라 감각 뉴런, 운동 뉴런, 연합 뉴런으로 구분됩니다.

우리 몸의 명령 기관인 뇌와 척수

뇌

뇌는 이 세상의 어떤 슈퍼컴퓨터보다도 뛰어난 능력을 지니고 있으며, 우리 몸에서 가장 크고 복잡한 기관입니다. 뇌 자체는 아주 말랑말랑하며 머리뼈와 뇌척수막에 의해 보호됩니다. 사람의 뇌에는 1,000억 개의 신경 세포가 있는데 대부분 어머니 배 속에 있는 태아 시기에 만들어집니다. 태어나서도 세포 분열에 의해 새로운 신경 세포가 생기기도 하지만 1년 내에 모두 중단되고 더 이상 만들어지지 않습니다.

치매는 뇌세포가 파괴되어 지능, 학습 능력, 언어 능력 등 뇌의 고등 기능이 떨어지는 질병입니다. 치매는 주로 노년기에 생기지만 젊은 사람에게도 나타납니다. 따라서 뇌세포는 한 번 파괴되면 다시는 만들어지지 않는다는 것이 치매의 무서운 점이랍니다.

우리가 흔히 하는 하품은 뇌에 산소가 필요하다는 신호입니다. 몸에 이산화탄소가 과다할 경우 뇌의 호흡 중추를 자극해서 숨을 크게 쉬게 하는데 이는 이산화탄소를 많이 배출하고 산소를 더 많이 마시게 하기 위해서입니다. 따라서 일산화탄소 중독이나 뇌혈관이 막히는 등의 사고로 산소 공급이 중단되면 몇 분 지나지 않아 뇌세포가 파괴되어, 심할 경우 마비가 오거나 혼수상태에 빠지게 된답니다.

뇌의 작용은 매우 활발하고 정교하며 물질대사도 신체의 어떤 부분보다 왕성합니다. 성인의 뇌 무게는 몸무게의 2.5%밖에 되지 않지만, 뇌에 흐르는 혈액량은 전체 혈액의 20%를 차지하여 분당 750mL나 되는 혈액이 흘러들어 옵니다. 또한 혈액 속의 포도당은 뇌가 활발하게 작용하는 데 사용됩니다.

뇌의 크기는 키와 비례하는 경향을 보이지만, 지능과 성격과는 직접적인 관계가 없습니다. 19세기 과학자들은 머리 크기와 지능의 관련성을 연구하여 뇌가 클수록 머리가 좋다는 연구 결과를 내놓기도 했습니다. 유명한 생물학자인 다윈(Charles Darwin, 1809~1882)은 자신의 책에서 머리가 작은 황인종과 흑인종은 백인종에 비해 머리가 나쁘다고 하였고, 당시 사람들의 이러한 믿음은 백인이 흑인이나 아시아인을 무시하고 식민 지배를 하는 근거로 사용되기도 했습니다.

하지만 뇌의 크기와 지능이 관계없다는 것이 밝혀지고, 뇌의 기능은 사용할수록 계발되므로 열심히 공부하고 운동하는 것이 뇌의 기능을 발달시키는 유일한 방법이라는 것을 알게 되었습니다.

한국 사람들은 어려서부터 젓가락을 사용하는 음식 문화 덕분에 뇌의 기능이 많이 발달했다고 하여, 부모님들은 아이들의 머리를 좋게 하기 위해 젓가락으로 콩을 집는 연습을 많이 시킨다고 해요.

뇌는 대뇌, 간뇌, 중뇌, 연수, 소뇌로 구분됩니다. 이 중 대뇌는 뇌 전체의 90%를 차지합니다. 대뇌의 모습은 주름이 잡

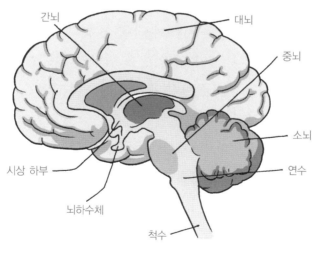

뇌의 생김새

힌 모양으로 표면적이 매우 넓고, 마치 호두 알맹이처럼 생겼습니다. 사람들은 뇌의 생김새와 호두의 모양이 비슷해서 호두를 머리가 좋아지는 음식이라고 하는데, 모양과 상관이 없지만 실제로 호두는 머리를 좋게 해 주는 먹을거리랍니다.

대뇌의 가장 바깥층을 피질이라고 합니다. 피질은 뉴런으로 이루어져 있으며 분홍빛을 띤 회색입니다. 피질의 두께는 2~5mm인데 주름을 펼치면 신문지 1장 정도의 크기입니다. 피질의 아래쪽에는 백질이 있으며 대부분 긴 신경 섬유로 이루어져 있습니다. 대뇌는 가운데 고랑을 중심으로 좌반구와 우반구로 나뉘고, 가운데는 뇌량으로 연결되어 있습니다.

대개 좌뇌는 계산이나 시간 개념, 언어 능력을 담당하고 우뇌는 창조성, 감성, 공간 감각 등을 담당한다고 합니다. 또 오른손잡이는 좌뇌를 활발히 사용하고, 왼손잡이는 우뇌를 활발하게 사용한답니다.

대뇌는 위치에 따라 후두엽, 측두엽, 전두엽, 두정엽 등 4개의 엽으로 구분됩니다. 후두엽에서는 시각과 판단력을 담당하고, 측두엽에서는 기억과 미각 및 청각을 담당합니다. 전두엽에서는 사고 과정, 언어, 창조성, 후각을 담당하고 두정엽에서는 운동과 감각을 담당하지요. 이렇게 대뇌의 위치에

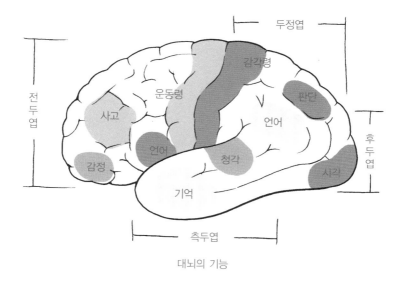

두정엽

감각령

운동령

판단

사고

언어

전두엽

언어

후두엽

감정

청각

시각

기억

측두엽

대뇌의 기능

따라 맡은 일이 다르기 때문에 어느 부분을 다쳤는지에 따라 나타나는 증상이 다릅니다. 예를 들어 측두엽 부분이 다치면, 드라마의 단골 소재로 등장하는 기억 상실증과 같은 증상이 나타나고, 후두엽을 다치면 눈은 멀쩡하지만 볼 수 없게 되기도 합니다.

뇌에서 두 번째로 큰 부분은 소뇌입니다. 소뇌는 대뇌 뒤쪽 아랫부분에 있으며, 역시 좌우 2개로 나뉩니다. 성인 남자의 경우 135g, 여자의 경우는 122g 정도이지요. 대뇌에 비해서는 작지만 뇌 전체의 반이 넘는 신경 세포가 모여 있는 곳입니다. 소뇌는 우리 몸의 균형을 잡아 주고 운동을 담당합니다. 대부분의 명령은 대뇌가 내리지만, 세밀한 움직임을 지시하는 것은 소뇌인 거죠. 따라서 소뇌에 이상이 생기면 현기증을 일으키거나 한 발로 서 있는 동작을 하기가 힘듭니다.

간뇌는 시상과 시상 하부로 구분되며 자율 신경계를 조절하는 역할을 합니다. 또한 체온, 혈당량, 삼투압 등 우리 몸의 항상성을 조절하는 일을 하지요. 시상 하부의 끝에는 내분비샘의 기능을 조절하는 뇌하수체가 있는데 후각 이외의 모든 감각을 전달하는 신경 섬유들이 모이는 곳이기도 합니다. 여기에서 정보를 정리한 다음 대뇌에 알리죠.

중뇌는 간뇌와 소뇌 사이에 있으며 눈동자의 운동과 빛의 밝기에 따른 홍채의 운동을 담당합니다. 또 소뇌와 함께 몸의 평형을 조절하는 일도 하지요.

연수는 중뇌와 척수 사이에 있으며 심장 박동, 호흡, 소화, 배설 작용을 담당하고 침 분비, 재채기, 하품 등과 같은 무의식적인 행동을 하는 데 관여하는 기관입니다. 그리고 연수에서 대뇌 피질과 피부, 근육을 연결하는 신경이 교차되어 반대편으로 이동하기 때문에, 오른쪽 머리를 다치면 몸의 왼쪽에 마비가 온답니다.

간뇌, 중뇌, 연수는 우리 몸의 생명 활동을 담당하기 때문에 이 세 부분을 합쳐 뇌간이라고 부릅니다. 뇌간의 무게는 200g 정도 되며, 모양과 크기가 사람의 엄지손가락과 비슷합니다.

우리가 흔히 알고 있는 식물인간과 뇌사는 차이가 있는데요. 이것은 뇌의 어느 부분을 다쳤는지에 따라 구분됩니다. 예를 들어 대뇌를 다쳐 몸이 움직이지 못하는 것은 식물인간입니다. 이때 생각을 하거나 몸을 움직이는 데에만 문제가 있기 때문에 생명에는 지장이 없습니다. 그러나 뇌간을 다치면 호흡, 심장 박동 등에 문제가 생깁니다. 이런 경우를 뇌사라고 하며 생명 유지 장치를 달지 않고는 생명을 유지할 수 없습니다. 뇌사자의 인공호흡 장치를 떼어 편안한 죽음을 맞게 하는 것을 존엄사라고 하는데, 이 행동이 합법적인지, 불법인지에 대한 논란이 많습니다. 최근 법원 결정으로 인공호흡기를 뗀 한국의 한 할머니의 경우, 인공호흡기를 떼면 곧 사망할 것이라는 예상을 깨고, 200여 일간 생명을 유지하다 돌아가셔서 존엄사에 대한 논쟁이 또 한번 일기도 했답니다.

척수

척수는 뇌의 아랫부분에서 척추를 따라 길게 이어져 있는 두꺼운 신경 다발로, 길이는 약 45cm, 무게는 약 25g인 기관입니다. 척수는 뇌와 팔다리, 몸통 사이의 수많은 신경 자극을 전달하는 통로 역할을 합니다. 척수를 반으로 잘라 보면 가운데는 회색을 띠고, 겉은 흰색을 띱니다. 척수에서 몸의 좌우로 뻗어 나간 31쌍의 말초 신경들은 손톱, 발톱, 머리카락을 제외한 온몸에 퍼져 있어 우리 몸에서 일어나는 모든 일들을 척수에 보고합니다.

척수는 몸의 각 부위와 뇌를 연결하는 연결 통로이지만, 갑작스러운 위기 상황에서는 뇌 대신 명령을 내리기도 합니다. 예를 들어 유리 조각을 밟았을 때, 화들짝 놀라며 발을 들어올리는 것은 통증이 뇌에 전달되기 전에 척수가 명령을 내려 다리 근육을 들어 올리도록 했기 때문입니다.

우리 몸의 항상성을 유지하는 호르몬

사람의 몸은 환경 변화에 따라 적응하며 살아갑니다. 예를 들어 더우면 땀을 흘리고 추우면 몸을 떨어서 체온을 일정하게 유지합니다. 이렇게 사람의 몸은 외부 환경이 변하더라도 내부의 체내 환경을 일정하게 유지하려고 하는데 이러한 성질을 항상성이라고 합니다. 몸이 항상성을 유지하지 못할 때 사람들은 병을 앓게 되고 심하면 죽기도 합니다. 그런데 이런 항상성을 유지하는 데 가장 중요한 역할을 하는 것이 바로 호르몬입니다.

몸에서 만들어진 분비물을 어디로 내보내느냐에 따라 분비샘을 2가지로 나눕니다. 땀샘, 침샘, 눈물샘처럼 관을 통해 물질을 분비하는 외분비샘과 관 없이 분비 세포가 직접 혈액으로 내보내는 내분비샘이지요. 호르몬은 내분비샘에서 만들어지는데 이러한 내분비샘에는 뇌하수체, 갑상샘(갑상선),

인슐린이 간에 작용해 혈당을 내리는 모습

부갑상샘, 부신, 이자, 정소, 난소 등이 있습니다. 호르몬은 혈액이나 체액으로 직접 분비되고, 특정 기관(표적 기관)에만 작용하는 기관 특이성을 가지고 있습니다. 즉, 인슐린은 이자의 랑게르한스섬(내분비샘)에서 만들어져 혈액을 통해 운반되다가 간(표적 기관)에 가서 혈당을 내리는 역할을 합니다.

호르몬은 적은 양으로 우리 몸의 생리 작용을 조절하며 분비되는 양에 따라 과다증과 결핍증이 있습니다. 예를 들어 뇌하수체에서 성장 호르몬이 지나치게 많이 만들어지면 거인증이 되고, 지나치게 적게 만들어지면 왜소증이 됩니다. 또 성인이 된 후 성장 호르몬이 계속 만들어지면 얼굴의 턱, 손과 발 등 우리 몸의 말단 부분이 자라는 말단 비대증에 걸리기도 합니다. 1980년대의 유명한 여배우였던 브룩 쉴즈가 이 말단 비대증에 걸렸는데, 지금은 과거의 아름다웠던 모습을 찾아보기가 힘듭니다.

또한 호르몬은 동물에서도 만들어지는데 척추동물이 만들어 낸 호르몬을 사람의 몸에 사용할 수 있습니다. 예전에는 사람의 인슐린을 구하기가 어려웠기 때문에 소의 이자에서 채취한 인슐린을 당뇨병 환자에게 주사했습니다. 그러나 요즘은 유전 공학 기술 중 하나인 유전자 재조합 기술로 인슐린을 대량 생산하여 당뇨병 치료에 사용하고 있지요.

호르몬 중에는 자율 신경계의 교감 신경과 부교감 신경처럼 서로 반대되는 일을 하는 것도 있습니다. 예를 들어 이자에서 분비되는 인슐린은 간에서 포도당을 글리코겐으로 합성하도록 하여 혈당량을 감소시킵니다. 반면에 이자에서 분비되는 글루카곤과 부신 수질에서 분비되는 아드레날린은 간에 저장되어 있는 글리코겐을 포도당으로 전환시켜 혈당량을 증가시킵니다. 이처럼 표적 기관이 같고 작용이 반대인 둘 이상의 호르몬 가운데 한 호르몬이 특정한 기능을 촉진하면 다른 호르몬이 이를 억제하는 작용을 하여 항상성을 유지하는데 이를 길항 작용이라고 합니다. 길항 작용은 갑상샘에서 분비되는 칼시토닌과 부갑상샘에서 분비되는 파라토르몬에서도 일어나는데, 칼시토닌은 혈액 내의 칼슘을 뼈에 저장해 혈액의 칼슘 농도를 낮추는 역할을 하고, 파라토르몬은 뼈의 칼슘을 혈액으로 내보내 혈액의 칼슘 농도를 높이는 역할을 한답니다. 길항 작용이 무엇인지 이해가 되나요?

신체의 다양한 호르몬을 진두지휘하는 곳은 뇌의 맨 아래에 있는 뇌하수체입니다. 뇌하수체는 1cm 크기의 매우 작은 기관으로 코의 위쪽에 있습니다. 여기서 다양한 종류의 호르몬이 만들어져 여러 가지 작용을 조절하는 일을 합니다.

갑상샘은 목의 맨 앞에 있으며 무게는 30~60g입니다. 크기는 개인차가 있지만 몸에서 가장 큰 내분비샘이랍니다. 모양은 나비넥타이처럼 생겼으며 한쪽 길이가 4cm가량 되는데 오른쪽이 약간 큽니다. 보통은 눈에 띄지 않지만 병에 걸리면 커지므로 쉽게 알 수 있습니다. 갑상샘에서 분비되는 호르몬은 티록신으로 영양소를 분해하여 에너지를 만들고, 이 과정에서 열을 내보내 체온을 높이는 일을 합니다. 또 뼈와 근육을 발달시키고 뇌신경을 발달시킵니다.

그런데 갑상샘 호르몬이 과다하게 분비되면 갑상샘이 커져 목이 굵어집니다. 또 배가 쉽게 고파지고 열이 많이 나 땀이 잘 나지요. 가만히 있는데도 맥박이 빨라져 가슴이 두근거리며 가벼운 운동에도 숨이 찹니다. 그리고 손발이 떨리고 팔다리의 힘이 빠져 계단을 오르내리기가 힘들며 신경이 예민해져 흥분을 잘하고 집중력이 떨어지며 불안해하지요.

부신은 아드레날린이라는 호르몬을 만들어 혈당량의 조절에도 관여하지만, 스트레스에 대한 반응을 조절하는 역할을 합니다. 정소와 난소에서는 각각 남성 호르몬인 테스토스테론과 여성 호르몬인 프로게스테론을 만들며 정자와 난자를 만드는 데 관여하고, 사춘기 때 이차 성징을 나타나게 합니다.

과학자의 비밀노트

호르몬의 종류와 기능

내분비샘	호르몬	주요 기능	과다증	결핍증
뇌하수체	생장 호르몬	생장 및 대사 기능 촉진	거인증	왜소증(소인증)
	갑상샘 자극 호르몬	티록신 분비 촉진		
	생식선 자극 호르몬	성호르몬 분비 촉진		
	항이뇨 호르몬	세뇨관에서 수분의 재흡수 촉진		크레딘병
갑상샘	티록신	물질대사 촉진, 체온 유지	바제도병	당뇨병
이자	인슐린	혈당량 감소		
	글루카곤	혈당량 증가	당뇨병	
부신	아드레날린	혈당량 증가, 혈압 상승, 심장 박동 촉진	당뇨병	
정소	남성호르몬(테스토스테론)	이차 성징 발현, 정자 형성		
난소	여성호르몬(프로게스테론)	이차 성징 발현, 난자 형성		

운동 신경이 발달했다는 말은 운동 신경이 굵거나 크다는 얘기가 아니라 척수와 뇌 사이의 연락 속도가 다른 사람들보다 빨라 운동을 더 잘할 수 있다는 의미지요.

오, 운동 신경이 좋네.

훗, 이쯤은 기본이지.

쨍그랑

헉!

선생님, 얘 좀 봐요. 숨을 쉬어!

우리 몸의 긴장과 흥분 상태를 유지하려는 교감 신경이 작용해서 그런 거예요.

휴, 10년 감수했네.

큭, 아까 네 표정 진짜 웃겼는데!

쿡쿡

꾸벅

이제 안정을 찾았군요. 부교감 신경이 작용하고 있어요. 2가지 자율 신경 모두 우리 마음대로 움직일 수 없지요.

무슨 일 있었어요?

기억 상실이라도 한 거니?

흠흠

하하, 드라마에서 많이 듣던 얘기네요. 측두엽이라도 다쳤나요?

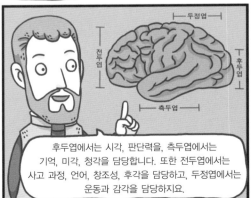

두정엽

전두엽

후두엽

측두엽

후두엽에서는 시각, 판단력을, 측두엽에서는 기억, 미각, 청각을 담당합니다. 또한 전두엽에서는 사고 과정, 언어, 창조성, 후각을 담당하고, 두정엽에서는 운동과 감각을 담당하지요.

하하, 내 머리가 큰 이유가 있었군. 모든 방면에 뛰어나니 뇌가 클 수밖에.

헤헤

선생님, 진짜 그런 거예요?

하하

뇌의 크기는 지능과 관계없답니다. 하하하.

9

생식

남성과 여성의 차이를 만들고, 자손을 갖게 하는
생식 기관의 생김새와 종류, 하는 일에 대해 알아봅시다.

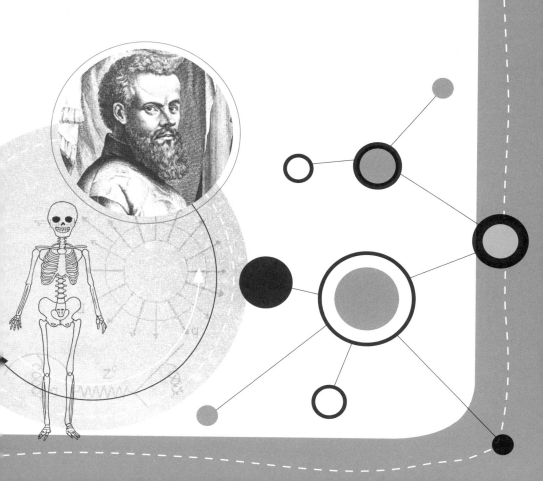

9

마지막 수업

생식

베살리우스는 아이 사진 한 장을
보여 주며 마지막 수업을 시작했다.

사진 속의 아이는 남자일까요, 여자일까요? 아주 어린아이들은 겉으로 봐서는 성별을 구분하기 힘든 경우가 많아요. 청소년기에 이차 성징이 나타나야 남자, 여자로서의 특징이 명확하게 나타나죠. 변성기의 굵은 목소리, 수염 등을 갖는 남자와 잘 발달한 가슴, 잘록한 허리, 고운 목소리를 가진 여자로 말이죠. 그런데 어렸을 때에도 구별할 수 있는 부분이 있답니다. 바로 생식기죠. 생식 기관은 자손을 남기는 데 필요합니다. 이번 시간에는 여자와 남자의 생식 기관에 대해 알아보기로 해요.

남자와 여자는 어떻게 구별할까?

남자의 생식 기관은 겉으로 보이는 부분이 많아요. 음낭에는 정자를 만드는 정소와 부정소가 들어 있습니다. 정소에서 나온 정자는 부정소를 지나 수정관을 지나가요. 수정관은 방광을 한 바퀴 감아 내려온 다음 저정낭과 만납니다. 저정낭에서는 전립샘에서 만들어지는 영양 물질과 정자가 합쳐져 정액을 만들어요. 정액은 사정관을 통해 몸 밖으로 나오지요. 사춘기 이후 남자는 매일 정자를 만든답니다.

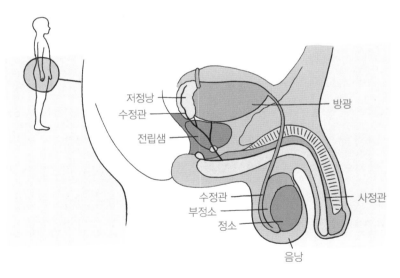

남자의 생식 기관

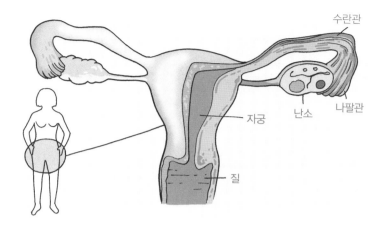

여자의 생식 기관

여자의 생식 기관은 남자에 비해서는 비교적 간단해요. 그림의 가운데는 자궁인데 장차 아이가 자라는 장소예요. 자궁의 아래는 질로 아이가 엄마의 몸 밖으로 나오는 통로가 된답니다. 자궁의 양쪽은 수란관이 연결되어 있고, 그 끝은 나팔모양으로 생긴 나팔관에 연결되어 있답니다. 나팔관의 끝에는 울퉁불퉁한 타원형 모양의 난소가 들어 있는데, 이곳은 난자가 만들어지는 장소입니다. 여자는 사춘기가 되면 한 달에 한 개씩 난소에서 난자가 나와요. 난자는 나팔관을 통해 나오는데 이것을 배란이라고 합니다. 배란이 되어야만 정자와 만나 임신이 될 수 있지요. 자궁은 임신에 대비해 벽에 양분이 가득한 혈액을 잔뜩 모아 두는데, 만일 임신이 되지 않으면 이 혈액은 몸 밖으로 빠져나오게 되요. 이것을 생리, 즉 월경이라고 합니다.

정자와 난자가 만나면?

아이가 생기려면 정자와 난자가 만나야 해요. 한 달에 1개가 만들어지는 난자와 달리 정자는 한 번 나올 때 3억~5억 개 정도가 쏟아져 나온답니다. 정자는 수억 분의 1의 경쟁률을 뚫어야만 사람이 될 수 있는 것이지요.

정자는 수가 많은 대신 매우 작아요. 또 가늘고 긴 꼬리가 달려서 헤엄칠 수 있습니다. 질 속에 들어온 정자는 난자가 내뿜는 물질을 향해 달려갈 준비를 합니다. 수많은 정자들은 자궁을 지나 수란관 입구까지 지옥의 마라톤 경주를 시작합니다. 이 거리는 15~18cm밖에 안 되지만, 정자들에게는 42km가 넘는 마라톤 경주보다도 더 힘들답니다. 그렇다면 억 단위의 정자들은 얼마나 치열한 경쟁을 벌일까요?

여자의 질 속은 정자들에게는 최악의 환경입니다. 질은 해로운 세균을 죽이기 위해 약산성을 띠는데 수많은 정자들이 여기서 죽거든요. 간신히 질을 통과해도 자궁에서는 백혈구들이 정자를 외부의 세균으로 인식하고 죽입니다. 그리고 중간에 에너지가 떨어져 죽는 녀석, 엉뚱한 길로 들어가 헤매는 녀석 등 난자가 있는 곳까지 도달하는 정자는 그리 많지 않습니다. 자궁을 통과할 때까지 살아남는 정자의 수는 6만 마리 정도랍니다. 그럼 이렇게 정자들이 고생할 동안 난자는 무엇을 하고 있을까요?

난자는 정자에 비해서 큽니다. 어느 정도 양분이 들어 있거든요. 하지만 스스로 움직일 수 없어 나팔관 안의 섬모들의

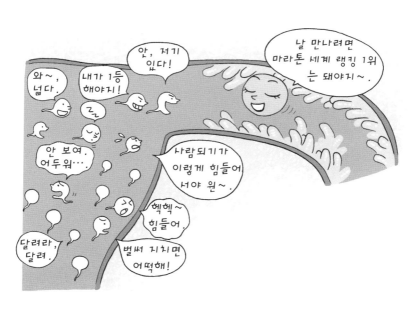

도움을 받아야만 합니다. 이때 섬모들이 노를 젓는 것처럼 난자를 수란관으로 밀어 주는 속도가 매우 느려, 정자가 수란관 위쪽에 올 때까지 단 몇 cm밖에 움직이지 못한답니다. 어쨌든 수란관 위쪽까지 온 정자들은 아직도 100여 마리가 남아 있습니다. 하지만 마라톤의 승자가 1명이듯 난자와 만날 수 있는 정자는 오직 하나뿐입니다.

이렇게 정자와 난자가 만나면 수정란이 됩니다. 수정란은 수란관 안의 섬모들의 도움을 받아 자궁으로 내려옵니다. 자궁에 도달하기까지는 5~7일이 걸리며 내려오면서 계속해서 세포 분열을 하여 수많은 세포 덩어리인 포배 상태로 자궁 안쪽 벽에 붙습니다. 이때부터 임신이 된 것으로 봅니다.

태아가 자라는 과정

수정란이 자궁 벽에 붙으면 모체와 태아 사이에 태반이 생깁니다. 태반은 태아 조직의 일부와 자궁 내벽의 일부가 합쳐져서 만들어지는 것으로, 태아와 태반을 연결하고 있는 혈관을 탯줄이라고 합니다. 탯줄을 통해 모체와 태아의 모세혈관 사이에서 기체와 물질의 교환이 일어납니다. 태아는 태반을 경계로 모체에서 산소와 영양분을 얻고, 모체에 이산화탄소와 노폐물을 내보냅니다.

아이를 가진 임신부는 모든 면에서 조심해야 합니다. 탯줄을 통해 엄마의 모든 것이 전달되기 때문에 임신부가 술을 마시거나 담배를 피우는 경우, 해로운 물질들이 태아에게 전해져 이상이 생길 수 있어요. 예를 들어 담배를 피우면 몸에 산소가 부족해지기 때문에 아이에게 산소 공급이 잘되지 않아 체중이 적게 나간다든가 심장에 이상이 생길 수 있습니다. 또 엄마가 술을 마시면 알코올 성분이 아이에게 전해져 큰 위험을 초래합니다. 그 밖의 수면제와 진통제 종류의 약, 커피와 녹차 같은 음료에 들어 있는 카페인 성분 등도 아이에게는 위험하므로 임신을 했을 때는 이러한 약과 음식 섭취에 각별히 주의해야 합니다.

임신한 지 8주 정도가 되면 어느 정도 사람의 모습을 갖추게 됩니다. 이때부터 태아라고 불리지요. 임신 초기에 입덧을 하는 산모들이 많은데 심할 경우 구역질이 나기도 합니다. 이때 신 것을 주로 찾는데 3~4개월이 지나면 자연스럽게 사라지는 경우가 많습니다. 임신부의 입덧은 수정란이 태아의 중요한 기관이 만들어지는 시기에 엄마의 입맛을 예민하게 하여 혹시라도 아이에게 해가 될 만한 것을 먹지 않도록 하는 태아의 생존 방법이랍니다.

　태아는 양막으로 둘러싸여 있고, 그 안에는 양수가 가득 차 있습니다. 이는 외부로부터 충격과 건조를 막아 주는 역할을 합니다.

　태아는 엄마의 배 속에서 안전하게 보호를 받으며 자라는데 신경계가 제일 먼저 발달하여 2주 정도일 때부터 뇌와 척수가 만들어집니다. 이후 심장과 순환계, 점차 손, 발, 귀, 눈 등이 발달합니다. 생식계는 다른 기관에 비해 늦게 발달하여

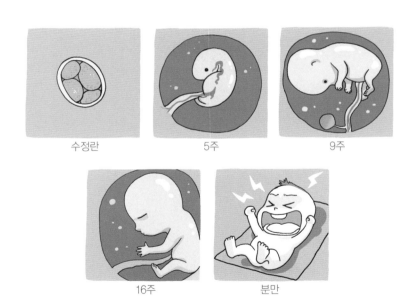

수정란　　　5주　　　9주

16주　　　분만

태아가 자라는 과정

임신 10주 이후부터 태아의 성별을 구별할 수 있답니다. 이 때는 태아의 생장 속도가 매우 빠르기 때문에 엄마는 충분한 영양 섭취를 해야 합니다.

수정 후 266일 정도가 지나면 태아의 몸무게는 평균적으로 3.4kg가량, 키는 35cm 정도로 자랍니다. 이제는 세상 밖으로 나와 엄마를 볼 준비가 된 셈이지요.

출산이 가까워지면 뇌하수체에서 옥시토신이라는 자궁 수축 호르몬이 나옵니다. 옥시토신이 분비되면 자궁 근육이 수축하면서 진통이 일어나지요. 처음에는 진통 간격이 길지만, 아이가 나오기 직전에는 진통 간격이 3~4분 정도로 짧아집니다.

출산 시에는 태아가 나올 수 있도록 자궁 입구가 열리기 시작합니다. 이때 태아를 보호하고 있던 양막이 터지면서 양수가 나오지요. 이어서 태아가 나오고 마지막으로 약한 통증과 함께 태반이 나옵니다. 태반이 나오면 태아와 연결된 탯줄을 소독한 도구로 자르는데 그 흔적이 바로 배꼽이랍니다. 태반에는 제대혈이라고 하는 혈액이 들어 있는데, 최근에는 제대혈을 탯줄 은행에 보관하는 것이 유행이랍니다. 제대혈에는 줄기세포가 들어 있어서 혹시라도 아이의 몸에 문제가 생겼을 때 이것을 이용해서 치료할 수 있거든요.

아이를 무사히 낳은 산모의 몸에서는 프로락틴이라는 젖분비 자극 호르몬이 나와 모유가 만들어집니다. 엄마의 처음 젖을 초유라고 하는데, 초유에는 아이의 면역력을 강하게 해 주는 물질이 많이 들어 있기 때문에 꼭 먹이는 것이 좋답니다.

지금까지 남자와 여자의 몸의 구조와 아이가 만들어지는 과정에 대해 알아보았습니다. 여러분도 이런 과정을 거쳐서 태어난 것이에요. 따라서 억 단위의 경쟁률을 뚫고 태어난 여러분은 모두 행운아인 셈이랍니다.

과학자의 비밀노트

사람의 임신과 출산 과정
① 배란 : 성숙한 난자가 난소로부터 배출되는 현상(약 28일 주기)이다.
② 수정 : 정자와 난자가 결합하는 현상으로, 배란된 난자가 수란관의 윗부분에서 정자를 만나면 수정이 일어나며, 수정란은 세포 분열을 하면서 자궁 쪽으로 이동한다.
③ 착상 : 수정란이 두꺼워진 자궁벽에 파묻히는 현상을 말한다.
④ 발생 : 수정 후 8주 내에 대부분의 기관이 형성되는데 이 시기부터 태아라고 하며, 태아는 태반에 연결된 탯줄을 통해 모체로부터 산소와 영양분을 공급받으며 자란다.
⑤ 출산 : 수정 후 약 266일(38주)이 지나면 태아가 모체 밖으로 나오게 된다.

엄마, 아이는 어떻게 생기는 거예요?

그, 그건….

남자 몸의 정자가 여자 몸의 난자를 만나 수정이 되면 여러 단계를 거친 후, 아이가 되어 세상에 태어나는 겁니다.

정자와 난자가 만난다고요?

그래요. 한 달에 1개가 만들어지는 난자와 달리, 정자는 한 번 나올 때 3억~5억 개 정도가 쏟아져 나온답니다. 즉, 정자는 수억 분의 1의 경쟁률을 뚫어야만 사람이 될 수 있는 것이지요.

꼭 사람이 되고 싶습니다!

정자는 헤엄을 쳐서 자궁을 지나 수란관 입구까지 지옥의 마라톤 경주를 시작합니다. 치열한 경쟁을 거쳐 도착한 정자는 난자와 만나 수정란이 되지요.

1등으로 골인!

난, 승리자!

이제 수정란은 수란관 안의 섬모들의 도움을 받아 자궁으로 내려가게 됩니다. 이후 자궁 안쪽 벽에 붙으면 임신이 된 것으로 보는 거예요.

제가 그렇게 만들어졌군요.

이제 잘 자라는 일만 남았어.

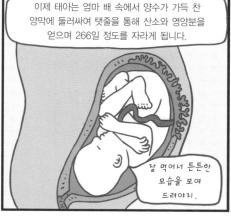

이제 태아는 엄마 배 속에서 양수가 가득 찬 양막에 둘러싸여 탯줄을 통해 산소와 영양분을 얻으며 266일 정도를 자라게 됩니다.

잘 먹어서 튼튼한 모습을 보여 드려야지.

어때요?

여러분이 태어나게 된 과정이 신기하지 않나요? 이렇게 억 단위의 경쟁률을 뚫고 태어난 여러분은 행운아인 셈이랍니다.

갑자기 제 몸이 소중해졌어요.

유난 떨기는!

인체 해부학의 아버지
베살리우스 Andreas Vesalius, 1514~1564

베살리우스는 르네상스 시대에 살았던 플랑드르 출신의 의사입니다. 대대로 의사와 약제사를 지낸 집안에서 태어난 그는 루벤 대학과 파리 대학 의대를 졸업한 후, 이탈리아 파도바 대학에서 해부학으로 박사 학위를 받았습니다. 당시 파도바 대학은 의학 수준이 높은 곳으로 유명했는데, 베살리우스는 박사 학위를 받자마자 해부학 및 외과학 교수로 임명되었습니다.

당시의 해부학은 2세기경 유명한 그리스 출신의 의사인 갈렌의 이론에 의존하고 있었습니다. 갈렌은 동물 해부를 통해 인체 내부를 추정하여 책을 썼기 때문에 인체와 맞지 않는 여러 가지 오류가 나타났습니다. 하지만 당시에는 사람을 해부하는 것이 금지되어 있었기 때문에 더 이상 연구하기가 어려웠습니다. 이에 베살리우스는 처형된 사형수의 시체나 묘지에 갓 묻은 시체를 몰래 구해 직접 해부를 하며 갈렌 이론의 오류를 밝혀냈습니다.

그리하여 1543년, 베살리우스는 300장이 넘는 인체 그림이 담긴《인체 구조에 대하여》라는 해부학 책을 펴냈습니다. 이 책은 이전의 다른 어떤 해부학 책보다도 인체를 더 정확하게 묘사하고, 과학적 관찰에 근거한 새로운 사실들이 포함되어 후세의 의학 발전에 크게 기여하였습니다.

베살리우스는 당대의 권위에 굴하지 않고 직접 관찰을 통해 해부학의 오류를 수정하여 해부학이 의학의 한 분야로 발전할 수 있는 계기를 마련했습니다. 또한 당시 사회적 지위가 낮았던 의사의 위상을 높여 전문 직업의 한 분야로 인정받을 수 있게 해 주었습니다.

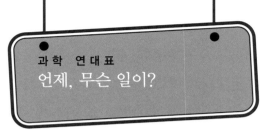

과 학   연 대 표
언제, 무슨 일이?

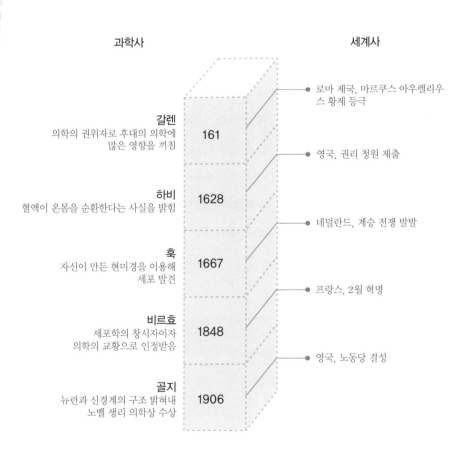

과학사

갈렌
의학의 권위자로 후대의 의학에
많은 영향을 끼침

161

하비
혈액이 온몸을 순환한다는 사실을 밝힘

1628

훅
자신이 만든 현미경을 이용해
세포 발견

1667

비르효
세포학의 창시자이자
의학의 교황으로 인정받음

1848

골지
뉴런과 신경계의 구조 밝혀내
노벨 생리 의학상 수상

1906

세계사

● 로마 제국, 마르쿠스 아우렐리우
스 황제 등극

● 영국, 권리 청원 제출

● 네덜란드, 계승 전쟁 발발

● 프랑스, 2월 혁명

● 영국, 노동당 결성

1. 사람의 몸은 세포 → □□ → 기관 → 기관계 → 개체로 구성됩니다.
2. 우리 몸의 근육은 골격근, 평활근, □□□ 의 3가지 종류가 있습니다.
3. 입으로 들어온 음식은 영양소로 분해되어 □□□□ 에서 흡수됩니다.
4. 우리 몸을 돌면서 산소와 영양분을 전달하고, 노폐물과 이산화탄소를 받아 오는 것은 □□□ 입니다.
5. 우리 몸에서 호흡을 담당하는 기관으로 산소와 이산화탄소를 바꾸어 주는 기관은 □ 입니다.
6. 우리 몸에서 생긴 노폐물을 오줌으로 만들어 내는 기관은 □□ 입니다.
7. 우리 몸의 중추 기관으로 판단, 기억, 명령 등을 담당하는 곳은 □□ 입니다.
8. 모체와 아이를 연결하는 혈관으로 양분, 산소, 노폐물을 교환하는 것은 □□ 입니다.

1. 조직 2. 심장근 3. 작은창자 4. 심혈관 5. 폐 6. 신장(콩팥) 7. 대뇌 8. 탯줄

부족한 장기를 대체할 수 있는 방법, 조직 공학

　우리 몸을 이루는 장기들이 병에 걸렸을 경우 아직까지는 장기 이식 수술밖에는 방법이 없답니다. 하지만 장기 이식에는 여러 가지 문제가 있습니다. 신장처럼 2개가 있는 경우, 혹은 간처럼 재생이 잘되어 일부를 떼어 내도 살 수 있는 장기도 있지만, 심장 같은 기관은 하나밖에 없기 때문에 뇌사자가 기증하지 않고서는 쉽게 구할 수가 없습니다.

　또 사람마다 고유한 면역 체계가 있어 거부 반응을 보이지 않는 장기를 찾는 것도 쉬운 일이 아닙니다. 그래서 과학자들은 인공 장기의 개발에 몰두하고 있습니다. 이처럼 사람의 세포를 이용해 인체 조직을 만드는 학문을 조직 공학이라고 합니다.

　그중 인공 피부와 인공 뼈는 어느 정도 발전을 이루었습니다. 최근 연세대학교 의과 대학에서는 탯줄에서 채취한 콜라

겐(동물의 조직을 구성하는 단백질)에 환자의 피부 세포를 배양해 인공 피부를 만드는 데 성공했고, 미국 ATS사는 소의 진피에서 얻은 콜라겐에 사람의 피부 세포를 배양시키는 데 성공했습니다. 또한 인공 뼈는 금속, 고분자, 세라믹을 이용해 만들며 8주 이상이 지나면 뼈에 녹아 들어가 원래 뼈와 같게 변합니다.

　유전 공학으로 동물의 장기를 이식하려는 시도도 있습니다. 빠른 시간 내 인체 이식이 기대되는 장기는 인공 심장으로, 누가 먼저 인공 심장 이식에 성공하느냐를 두고 현재 한국을 비롯해 미국, 독일, 일본이 경쟁을 벌이고 있습니다.

　조직 공학 기술이 더 발달하면 미래에는 우리 몸의 병들고 오래된 장기를 자동차의 부품 갈아 끼우듯이 쉽게 바꿀 수 있을지도 모르겠네요.

과학자가 들려주는 과학 이야기 (전 130권)

정완상 외 지음 ｜ (주)자음과모음

위대한 과학자들이 한국에 착륙했다!
어려운 이론이 쏙쏙 이해되는 신기한 과학수업,
〈과학자가 들려주는 과학 이야기〉 개정판과 신간 출시!

〈과학자가 들려주는 과학 이야기〉 시리즈는 어렵게만 느껴졌던 위대한 과학 이론을 최고의 과학자를 통해 쉽게 배울 수 있도록 했다. 또한 지적 호기심을 자극하는 흥미로운 실험과 이를 설명하는 이론들을 초등학교, 중학교 학생들의 눈높이에 맞춰 알기 쉽게 설명한 과학 이야기책이다. 특히 추가로 구성한 101~130권에는 청소년들이 좋아하는 동물 행동, 공룡, 식물, 인체 이야기와 최신 이론인 나노 기술, 뇌 과학 이야기 등을 넣어 교육 과정에서 배우고 있는 과학 분야뿐만 아니라 최근의 과학 이론에 이르기까지 두루 배울 수 있도록 구성되어 있다.

★ 개정신판 이런 점이 달라졌다! ★

첫째, 기존의 책을 다시 한 번 재정리하여 독자들이 더 쉽게 이해할 수 있게 만들었다.

둘째, 각 수업마다 '만화로 본문 보기'를 두어 각 수업에서 배운 내용을 한 번 더 쉽게 정리하였다.

셋째, 꼭 알아야 할 어려운 용어는 '과학자의 비밀노트'에서 보충 설명하여 독자들의 이해를 도왔다.

넷째, '과학자 소개 · 과학 연대표 · 체크, 핵심과학 · 이슈, 현대 과학 · 찾아보기'로 구성된 부록을 제공하여 본문 주제와 관련한 다양한 지식을 습득할 수 있도록 하였다.

다섯째, 더욱 세련된 디자인과 일러스트로 독자들이 읽기 편하도록 만들었다.